Yao Ngoran Bazin

Sonhar com o desenvolvimento local

Yao Ngoran Bazin

Sonhar com o desenvolvimento local

Rumo a um compromisso mais arrojado e sustentável

ScienciaScripts

Imprint

Any brand names and product names mentioned in this book are subject to trademark, brand or patent protection and are trademarks or registered trademarks of their respective holders. The use of brand names, product names, common names, trade names, product descriptions etc. even without a particular marking in this work is in no way to be construed to mean that such names may be regarded as unrestricted in respect of trademark and brand protection legislation and could thus be used by anyone.

Cover image: www.ingimage.com

This book is a translation from the original published under ISBN 978-3-639-54580-7.

Publisher:
Sciencia Scripts
is a trademark of
Dodo Books Indian Ocean Ltd. and OmniScriptum S.R.L publishing group

120 High Road, East Finchley, London, N2 9ED, United Kingdom
Str. Armeneasca 28/1, office 1, Chisinau MD-2012, Republic of Moldova, Europe
Managing Directors: Ieva Konstantinova, Victoria Ursu
info@omniscriptum.com

Printed at: see last page
ISBN: 978-620-3-50301-2

Índice

Introdução

Sessenta (60) anos após a independência da Costa do Marfim, o país continua a debater-se com problemas relacionados com a prestação de serviços urbanos e de infra-estruturas de base e, de uma forma mais geral, com a impossibilidade de melhorar as condições de vida e o ambiente da população, de acordo com as dezasseis (16) responsabilidades ou competências transferidas para as autoridades locais. A verdade é que a Costa do Marfim ainda não conseguiu lançar as verdadeiras bases do desenvolvimento local. A descentralização atual na Costa do Marfim é uma confusão. O país tem um potencial inegável de progresso. Mas não está a conseguir. Não há dúvida de que falhou.

A prestação de serviços básicos como a água, a eletricidade, as escolas, a saúde e a educação é um desafio fundamental para as autoridades locais da Costa do Marfim. Há outros desafios que se colocam ao país. A transformação das matérias-primas em produtos acabados ou semi-acabados, o desenvolvimento das infra-estruturas económicas, a melhoria da qualidade do ambiente físico dos aglomerados humanos, o desemprego dos jovens, a insegurança das pessoas e dos seus bens, o desenvolvimento da educação e da investigação, são também preocupações da comunidade nacional. Estas questões continuam a ser prementes, porque os detentores do poder não têm, na maioria das vezes, a coragem de questionar as opções ou abordagens adoptadas, mesmo quando estas não permitiram à Costa do Marfim atingir os objectivos específicos pretendidos ao nível de cada competência ou responsabilidade.

A nossa política nacional de descentralização não está a funcionar. Por conseguinte, o tão apregoado desenvolvimento local não pode ser posto em prática, devido à existência de numerosos obstáculos. A Costa do Marfim tem de aceitar rever toda a sua política de descentralização se quiser que a sua marcha para o progresso seja uma realidade tangível e duradoura.

Nos 16 domínios abrangidos pela descentralização na Costa do Marfim, não existem políticas sectoriais claramente definidas, com funções e responsabilidades precisas para os actores envolvidos. A condução da descentralização na Costa do Marfim continua a ser marcada pela omnipresença do Estado e das suas dependências. Isto obrigou muitos actores a permanecerem inactivos onde poderiam ter desempenhado um papel ativo e decisivo no desenvolvimento de base. Todos eles se mantiveram à margem. Por exemplo, no que se refere à limpeza dos bairros, das aldeias e das cidades, a Costa do Marfim debate-se com dificuldades porque as abordagens adoptadas até agora não são de todo adequadas. A política nacional de gestão dos resíduos e de limpeza dos aglomerados humanos do país não envolve as populações. Não são apenas as pessoas que são afectadas, é o próprio trabalho social. A tomada em consideração do trabalho social é um elemento que deve ser tido em conta na formulação e implementação de uma verdadeira política de gestão dos resíduos sólidos e de saneamento na Costa do Marfim. A sujidade e o lixo que nos saúdam à entrada de cada bairro, de cada aldeia e de cada cidade do país não são mais do que a manifestação do fracasso da gestão dos resíduos sólidos e do saneamento dos aglomerados humanos do país.

Um dos principais objectivos do nosso trabalho é examinar os progressos realizados ou alcançados pela Costa do Marfim na sua procura de desenvolvimento local. Este exame não é o de funcionários ou políticos, de decisores locais ou de representantes eleitos. É o de um cidadão que se preocupa com a situação deplorável em que se encontram as colectividades locais no seu conjunto. A nossa abordagem não se limita a apontar os pontos fracos do sistema. Temos de ir além das nossas observações e propor soluções possíveis para ajudar as colectividades locais do país a avançar. Atualmente, estamos a falar de definir o futuro das autarquias e das comunidades locais. A definição do futuro das colectividades locais, das suas cidades e dos seus habitantes começa por uma avaliação rigorosa da situação.

Quis escrever um livro sobre o desenvolvimento local na Costa do Marfim. O objetivo deste livro é ajudar a compensar o atraso do país em matéria de desenvolvimento local. Falamos muito de desenvolvimento local, mas nem sempre sabemos a que documento nos devemos referir. De facto, não existe um livro a que se possa recorrer para formular políticas, definir programas ou projectos de desenvolvimento, implementá-los e avaliá-los.

Os conselheiros locais da Costa do Marfim devem reconhecer que a gestão de uma coletividade local não é fácil. Existem muitas dificuldades no exercício das responsabilidades ou competências que lhes são atribuídas. Perante estas dificuldades, conhecidas ou desconhecidas, devem organizar-se ou reorganizar-se para alcançar progressivamente os resultados desejados, nomeadamente em termos de melhoria das condições de vida e do ambiente das populações. Têm de ganhar a confiança das partes interessadas, sendo eficientes para dar credibilidade à sua equipa e ser mais agressivos para atingir um bom nível de competitividade.

O livro é sobre o desenvolvimento local com que eu sonho e com que outros cidadãos certamente sonham. Este desenvolvimento local não é o que vemos atualmente. A nossa ideia é que, com base naquilo que todos vemos hoje, podemos fazer as melhorias contínuas necessárias, sem complacência, para oferecer um desenvolvimento local mais de acordo com as ambições da Costa do Marfim.

Parte 1: ENTENDER O DESENVOLVIMENTO LOCAL

Capítulo 1: Introdução ao desenvolvimento local

No início deste livro, parece-me necessário propor um capítulo introdutório que permita uma compreensão clara do conceito de desenvolvimento local. É a partir desta compreensão que se desenvolve certamente a nossa vontade e o nosso empenhamento em agir em prol do bom funcionamento das autarquias locais do país.

1.1. Da centralização à descentralização da gestão da energia

Até 1980, a abordagem de desenvolvimento adoptada pela Costa do Marfim era bastante centralizada. Esta abordagem caracterizava-se por uma concentração muito forte, por parte do Estado, dos poderes de reflexão, de decisão e de ação. Esta abordagem não deixava qualquer margem de manobra às populações, a nível local ou comunitário. É certo que esta abordagem produziu resultados. Mas estes ainda não correspondiam às ambições declaradas dos detentores do poder e às aspirações profundas das populações. Por conseguinte, o governo central decidiu permitir que os actores locais desempenhassem um papel mais importante no desenvolvimento das regiões e, por extensão, do país. Em muitos aspectos, a decisão de passar da administração central para a administração local é uma decisão bem ponderada.

Inicialmente, o Estado concentrava as elites do país e toda a política de desenvolvimento era formulada a partir de Abidjan, a capital. Em 1980, as regiões já dispunham de um número bastante elevado de recursos humanos, porque os esforços da Costa do Marfim no domínio da formação de quadros tinham produzido resultados convincentes. Convém recordar que a Costa do Marfim estava muito atrasada em termos de educação e de formação em gestão aquando da sua independência em 1960. Vinte anos após a independência da Costa do Marfim, os quadros tinham sido formados na maior parte dos domínios da atividade humana. Estes gestores tinham demonstrado a sua capacidade de substituir os expatriados na definição de programas e projectos de desenvolvimento. Mas não havia uma verdadeira vontade política de responsabilizar as elites locais.

Em 1980, os poderes públicos sentiram que a Costa do Marfim podia iniciar uma verdadeira política de descentralização. A decisão de lançar um vasto movimento de descentralização da gestão do poder no país constitui um marco político importante.

1.2. Definição do conceito de desenvolvimento local

O que é que entendemos por "desenvolvimento local"? A pergunta não é desprovida de sentido. Para nós, o desenvolvimento local ou desenvolvimento de base local é o desenvolvimento que é planeado, organizado, realizado e avaliado numa determinada área territorial com a participação plena, efectiva e sustentável da população local e a mobilização dos recursos adequados.

O desenvolvimento local é um paradigma, uma forma de pensar e de atuar. Não é um conceito estático. É dinâmico. Esta dinâmica manifesta-se através do espaço, da demografia, da cultura e dos projectos das pessoas.

A nossa descentralização, e o desenvolvimento local que ela deveria gerar, não está completa. Neste contexto de fracasso, é evidente que vemos mais queixas e lamentações das populações do que satisfação. Temos de ter a coragem e a humildade de reconhecer que o nosso desenvolvimento local tem de ser construído na Costa do Marfim.

1.3. Objectivos de desenvolvimento local

O objetivo geral do desenvolvimento local, para simplificar, é fazer de uma localidade ou de uma região que encontramos, num dado momento, com os seus pontos fortes e fracos, um bom lugar para viver. Um lugar onde as populações locais podem construir-se livremente, individual ou coletivamente, realizando os seus sonhos e projectos.

Para realizar o desenvolvimento local, ou seja, para avançar para um desenvolvimento local real e efetivo, a Costa do Marfim deve propor inovações no sistema geral de governação das terras e dos territórios. Para o desenvolvimento local, foram fixados os seguintes objectivos específicos

- Fazer com que as pessoas aceitem questionar-se a si próprias;
- Compreender o desenvolvimento local para poder atuar de forma mais eficaz e obter resultados em conformidade com as expectativas;
- Contribuir para uma melhor compreensão das funções e responsabilidades dos representantes eleitos locais e dos seus vários parceiros;
- Ajudar a preparar as regras de base do concurso em que as autoridades locais deverão participar;
- Capacitar a população local para garantir o enraizamento das iniciativas de desenvolvimento;
- Promover o conhecimento, as competências, o saber-fazer e as atitudes da população local.

1.4. Compreender o desenvolvimento local

A compreensão que as pessoas têm do conceito de desenvolvimento local depende, em grande medida, do seu nível de educação. Contudo, a educação não é suficiente para tornar um cidadão esclarecido sobre as questões do desenvolvimento local. Na sociedade da Costa do Marfim, há muitos cidadãos em todas as regiões e, portanto, em todas as áreas culturais do país, incluindo pessoas analfabetas, que compreenderam a necessidade de realizar projectos ou acções de desenvolvimento na sua localidade e em diferentes sectores da atividade humana. Podem ser analfabetos, mas conseguiram feitos em termos de visão e compreensão do desenvolvimento da sua localidade de origem que poucos cidadãos, mesmo com formação universitária, conseguiram alcançar.

Nalgumas regiões do país, estas pessoas analfabetas estavam à frente do jogo. Quando havia falta de infra-estruturas ou de equipamentos sociais e económicos, propunham soluções à comunidade. Por exemplo, propuseram a abertura de uma estrada para abrir uma ou mais localidades, construíram uma escola para preparar a localidade para o futuro, enviaram todos os seus filhos para a escola, mudaram uma aldeia de um local inadequado para outro com melhores perspectivas de desenvolvimento. Criaram também viveiros de peixes para os jovens e unidades de transformação de certos produtos agrícolas. Foram líderes na sua região. A lista das realizações destes pioneiros não é exaustiva.

Estes líderes analfabetos não trabalhavam apenas para as suas famílias. Preocupavam-se com os interesses da comunidade a que pertenciam. Fizeram o desenvolvimento local sem o saberem. Hoje, podemos apreciar melhor a contribuição destes ilustres pioneiros analfabetos para a marcha da sua comunidade em direção ao progresso. O seu empenhamento, as suas carreiras e as suas realizações não passaram despercebidos. Foram modelos a nível local e nacional. O mérito destes homens e mulheres, cultos ou iletrados, é mais do que grande.

A compreensão do conceito de desenvolvimento local pela população da Costa do Marfim é mais ou menos idêntica em todas as áreas culturais. Em cada área cultural, as pessoas desenvolvem há décadas actividades sociais, culturais, económicas e mesmo ecológicas válidas, sem qualquer intervenção externa.

1.5. Para além das teorias sobre o desenvolvimento local

Existem muitas teorias sobre o desenvolvimento e o desenvolvimento local. Os governos africanos, as organizações de cooperação internacional e os economistas ou especialistas em questões de desenvolvimento tentaram basear as suas acções em teorias ou modelos económicos testados noutros ambientes políticos, espaciais, socioculturais ou antropológicos diferentes dos de África. A sua introdução e implementação, geralmente sem o devido cuidado, nos países africanos resultou em fracasso. A importação de modelos de desenvolvimento de fora do continente não produziu os resultados esperados. Em todo o caso, não conduziram a um verdadeiro arranque económico, nem a nível local nem a nível nacional. Não lançaram as bases para um desenvolvimento endógeno, auto-sustentado e sustentável dos países africanos. Os especialistas em desenvolvimento utilizam estes factos para explicar a extroversão da economia da Costa do Marfim, por exemplo.

Tudo isto nos mostra claramente que temos de procurar formas de desenvolvimento local na Costa do Marfim, por exemplo, desafiando-nos a nós próprios. Temos de nos questionar. Temos de partir de quem somos, do que temos e do que queremos. São estes aspectos que nos permitirão criar os nossos próprios caminhos, nomeadamente aqueles que podemos dominar. A qualquer momento, nós, o povo da Costa do Marfim, podemos parar para ver se as coisas estão a funcionar e se há aspectos que temos de corrigir ou mudar.

Atualmente, um dos maiores perigos que a nossa sociedade enfrenta é o facto de as universidades continuarem a ensinar coisas que são estranhas aos jovens. Deploramos o facto de estes jovens serem mal formados e mal preparados, se é que o são, para enfrentar os desafios que se lhes deparam. São formados para alimentar o desemprego ou para se tornarem funcionários públicos, se não forem apanhados pelo caminho por políticos. No final dos seus estudos, a maioria dos diplomados das universidades públicas ou privadas e das Grandes Escolas da Costa do Marfim não sabe nem pode fazer nada, mesmo coisas simples como substituir uma lâmpada avariada em casa dos pais. São, portanto, incapazes de participar na luta contra o subdesenvolvimento do nosso país. Mas nem sempre nos interrogamos sobre o que é ensinado nas nossas universidades. As autoridades políticas e académicas têm de nos ouvir, em vez de nos tratarem como aves de mau agouro. Têm de rever o conteúdo do ensino oferecido aos jovens costa-marfinenses. São absolutamente necessárias reformas profundas do nosso sistema de ensino superior. Pela minha parte, voltarei no capítulo 10 à contribuição de uma universidade para o desenvolvimento local.

Até à data, o desenvolvimento local na Costa do Marfim ainda não produziu resultados adequados, devido ao facto de a descentralização não corresponder às ambições da Costa do Marfim. A análise da situação mostra que a compreensão das acções de desenvolvimento local não foi suficientemente optimizada. Não é eficaz a todos os níveis da sociedade da Costa do Marfim.

Capítulo 2: Conhecimento da autarquia local

A nossa atenção centra-se na autoridade local ou territorial como a área geográfica em que intervimos e realizamos acções destinadas a melhorar as condições de vida e o ambiente da população. A execução das acções de desenvolvimento deve basear-se num bom conhecimento da coletividade local. Parece, portanto, necessário falar do conhecimento da autoridade local por parte daqueles que são susceptíveis de gerir programas, projectos ou acções destinados a melhorar o bem-estar das populações locais.

2.1. Conhecimento da autarquia local

2.1.1. As colectividades locais: um conjunto mais ou menos harmonioso

A coletividade local é um todo, que inclui os recursos naturais (água, florestas, sistema fluvial, recursos terrestres) e as espécies vegetais. Depois, há os recursos humanos, ou seja, as pessoas que aí vivem, com o seu passado ou as suas histórias, os seus valores, os seus costumes e tradições, os seus conhecimentos, o seu saber-fazer, as suas competências interpessoais, as suas ambições, os seus projectos, os seus sonhos. As pessoas devem estar em harmonia, em equilíbrio com a natureza.

A coletividade local é um todo, com ligações variadas e mais ou menos fortes entre as suas diferentes componentes. A compreensão da coletividade territorial revela a natureza, a intensidade e mesmo a complexidade das relações entre as suas diferentes componentes. Cada coletividade local é diferente da outra em todos os aspectos. Não existem duas colectividades locais iguais na Costa do Marfim. As realidades de uma coletividade local não são as de outra.

A coletividade local está, ou deve estar, em harmonia consigo própria. Esta harmonia não é imutável. É dinâmica, mutável com a evolução da sociedade e do tempo. Pode ser perturbada por fenómenos naturais (secas, tempestades, inundações) ou pela ação humana, nomeadamente a extração de minerais, as actividades agrícolas ou pastoris, o ordenamento do território nacional e o desenvolvimento. As actividades humanas incluem também a habitação e as obras ou infra-estruturas utilizadas para desenvolver e equipar o território nacional, nomeadamente estradas, auto-estradas, barragens hidroeléctricas, caminhos-de-ferro, pontes, portos, aeroportos, instalações de telecomunicações, etc.

2.1.2. Conhecimento intrínseco da coletividade local

Qualquer intervenção ou ação humana que vise o desenvolvimento da comunidade deve basear-se num conhecimento intrínseco das suas realidades. Este conhecimento exige paciência, empenhamento e determinação. O sistema ou a arquitetura do conhecimento é também plural (geografia, ambiente, história, cultura, política, sociologia, antropologia, economia, tecnologia, etc.).

Nenhum domínio da atividade humana pode ser negligenciado. O conhecimento da história e da antropologia de uma localidade ajuda a estruturar a sua identidade, ou seja, a sua especificidade.

Para os eleitos das colectividades locais da Costa do Marfim, uma das acções a empreender no processo do seu conhecimento é a deteção ou identificação das oportunidades a transformar em programas, projectos ou acções de produção económica e de criação de riqueza. Uma das questões essenciais a resolver pelos eleitos locais é precisamente a de saber como detetar as oportunidades. As oportunidades apresentam-se geralmente sob duas formas: a forma física em que existem e a transformação que sofrem, que se traduz em acções de causa e efeito. Estas acções devem ser analisadas, de forma precisa e objetiva, para facilitar a tomada de decisões.

Para identificar estas oportunidades e preparar programas ou projectos de desenvolvimento, as autarquias locais podem recorrer a peritos de universidades, institutos ou centros de investigação, ou a consultores com conhecimentos variados e especializados em matéria de desenvolvimento local. Os peritos destas diferentes instituições regionais ou nacionais constituem uma reserva a que os autarcas podem recorrer quando encomendam estudos ou trabalhos de carácter científico, técnico ou organizativo.

No processo de desenvolvimento de uma região ou de uma nação, o pensamento dinâmico é a matéria-prima. Este baseia-se em investigações e estudos técnicos, cujos produtos são utilizados para facilitar a tomada de decisões pelos representantes eleitos e seus parceiros. Os peritos nacionais podem ser chamados a contribuir para esta procura de conhecimento da coletividade. O recurso sistemático dos nossos dirigentes à perícia estrangeira justificava-se, antes ou depois da independência política, pela quase inexistência das suas próprias competências.

Atualmente, a Costa do Marfim envidou esforços significativos para desenvolver as competências nacionais. É claro que, no que respeita ao desenvolvimento dos recursos humanos, nomeadamente em termos de qualidade, ainda há muito a fazer. Sejamos realistas. Se queremos realizar o sonho de desenvolvimento da Costa do Marfim, temos de criar novas e verdadeiras universidades que funcionem e ofereçam uma investigação e um ensino de qualidade aos estudantes. Esta é uma das chaves do desenvolvimento. Para compreender bem a necessidade de efetuar esta transição, é preciso lembrar, por exemplo, que a República da Coreia do Sul terá trezentas (300) universidades públicas em 2020. É claro que a comparação não é uma razão. Mas isto dá-nos uma ideia suficientemente clara dos esforços a desenvolver pela Costa do Marfim em matéria de desenvolvimento dos recursos humanos e de promoção da ciência e da tecnologia.

Os peritos nacionais, de todos os quadrantes disciplinares, podem ser mobilizados para participar na definição de políticas ou programas e na conceção e execução de projectos ou acções de desenvolvimento a nível regional. Eles têm a vantagem ou o mérito de conhecer relativamente melhor a geografia física, as pessoas que vivem nas regiões, os seus pensamentos, as suas culturas, os seus comportamentos e as suas actividades. Através da sua análise pormenorizada e objetiva, podem ajudar a compreender a natureza e a evolução dos fenómenos físicos, químicos, socioculturais, económicos e ambientais com que se confrontam as autoridades locais. Os peritos nacionais podem também apoiar os eleitos locais na sua procura de desenvolvimento. É de salientar que a presença de peritos nacionais ao lado dos eleitos locais tranquiliza os parceiros de desenvolvimento. Motiva-os a trabalhar com eles.

2.1.3. Produção e gestão de estatísticas

Um bom conhecimento das colectividades locais deve basear-se ou apoiar-se na existência de estatísticas viáveis. As estatísticas são extremamente importantes para uma autarquia local, nomeadamente para orientar a ação local e para a avaliar. São úteis para prever a evolução das colectividades locais.

Quando se fala de desenvolvimento local, uma das coisas que geralmente se nota é a falta de estatísticas sobre o que se faz em cada comunidade. Quer seja em termos de serviços sociais (água, eletricidade, escolas, saúde), de atividade económica (sectores formal e informal combinados), de demografia ou de ambiente, as estatísticas são muito escassas nas colectividades locais da Costa do Marfim.

Um conhecimento aprofundado das estatísticas permite compreender as manifestações de um fenómeno antes de agir. Orientam e facilitam a tomada de decisões que podem apoiar as acções a empreender. De facto, sem estatísticas, é impossível conceber o desenvolvimento. Sem estatísticas, é difícil para as autoridades locais avançarem e, sobretudo, avançarem bem, ou seja, numa base objetiva, sem tatear. É por isso que as estatísticas têm de ser produzidas. Não se trata de uma tarefa difícil. Em cada nível de intervenção, é preciso registar o que se comprometeu, em termos de recursos humanos e financeiros e de outros meios ou instrumentos. No final da ação, é necessário indicar o que foi alcançado em termos de resultados, medidos e registados num documento. Para isso, cada ação ou tarefa deve estar associada a uma folha para registar tudo o que é ou pode ser convertido em número.

As estatísticas podem ser produzidas por qualquer técnico. Cada membro do pessoal de qualquer serviço público ou privado deve ter a preocupação de produzir estatísticas para seu próprio uso e para o uso de outros colegas. A gestão das estatísticas produzidas é uma atividade igualmente importante. As estatísticas são armazenadas e divulgadas para serem utilizadas. Devem estar disponíveis, acessíveis e utilizáveis por qualquer utilizador, em qualquer altura. .

Em conclusão, constatamos que existe uma falta de compreensão das realidades das colectividades locais por parte dos actores políticos, sociais e económicos e dos parceiros de desenvolvimento. Por conseguinte, as políticas, os programas e os projectos lançados para as colectividades locais baseiam-se, na sua maioria, numa abordagem aproximativa. Os resultados obtidos são evidentemente médios ou fracos, enquanto as expectativas das populações são numerosas e elevadas.

Parte 2: ANÁLISE DAS PRÁTICAS DE DESCENTRALIZAÇÃO

Capítulo 3: Quadro político, social e económico

O conhecimento do contexto político, social e económico em que se desenrola o desenvolvimento local na Costa do Marfim é de grande importância. Permite conhecer as condições gerais em que os decisores políticos e os actores sociais e económicos estão dispostos a agir e, sobretudo, o seu grau de empenhamento. A questão é saber se este contexto era favorável ou desfavorável. Para responder a esta questão, é necessário efetuar uma breve análise deste contexto, começando pela adesão da Costa do Marfim à independência. Ao longo deste período de sessenta anos, destacaremos os factores que favoreceram ou aceleraram, abrandaram ou atrasaram o processo de desenvolvimento local na Costa do Marfim.

3.1. Avaliação da ação política

A história política da Costa do Marfim tem tido os seus altos e baixos. A clarividência e a visão do Presidente Félix Houphouët-Boigny e a estabilidade política que o país conheceu foram factores favoráveis à gestão política do poder.

A Costa do Marfim está a cumprir 40 anos de descentralização (1980-2020). O balanço em termos de prática efectiva da descentralização como meio de resolução de problemas é pouco brilhante. A Costa do Marfim continua a debater-se com problemas de natureza e complexidade variáveis. As soluções preconizadas não permitiram à Costa do Marfim dar o passo decisivo para o progresso. Pode, pois, afirmar-se que a Costa do Marfim ainda não deu provas de descentralização do seu sistema de gestão da energia.

[1]Gérard Larcher, Presidente do Senado francês, afirmou, com toda a razão, no fórum do Senat sobre as colectividades locais e regionais, realizado de 17 a 18 de fevereiro de 2020 em Abidjan: "*Não esperemos que a descentralização resolva todos os nossos problemas*" .

Este é um alerta que deve ser levado muito a sério. Significa que, para além da descentralização, há que ter em conta outros aspectos que condicionam ou influenciam o exercício da atividade autárquica.

A descentralização na Costa do Marfim foi concebida e implementada num ambiente político marcado por múltiplas crises ao longo dos últimos trinta anos. Os resultados globais desta descentralização deixam-nos desiludidos.

Em suma, o balanço da ação política é mais do que misto. Não reflecte as ambições da Costa do Marfim. A ideia é que devemos ir mais além do que foi alcançado até agora, sendo mais imaginativos, mais corajosos e mais responsáveis na gestão dos assuntos locais.

3.2. Ação social

A ação social é avaliada através da prestação de serviços sociais de acordo com as expectativas ou necessidades da população. A procura social é

---

[1] Fraternité Matin, 18 de fevereiro de 2020, página 3.

determinada pela qualidade do desenvolvimento demográfico do país, também conhecido como o dividendo demográfico. Isto implica a prestação de serviços sociais de qualidade à população.

Na Costa do Marfim, os serviços sociais eram essencialmente prestados pelo Estado central e pelas empresas concessionárias até ao início dos anos 1980. A partir de meados dos anos 80, sob a pressão das instituições de Breton Wood, o Estado da Costa do Marfim retirou-se da prestação direta destes serviços através dos programas de ajustamento estrutural (PAE). Não foram efectuados verdadeiros preparativos para a retirada do Estado. Por conseguinte, criou-se um vazio na prestação destes serviços. Perante esta situação, o descontentamento da população fez-se sentir.

3.3. Avaliação da ação económica

A atividade económica foi em grande parte possibilitada pela disponibilidade de recursos fundiários, por uma mão de obra ainda barata, pela introdução de planos de desenvolvimento quinquenais e pela boa pluviosidade e sua distribuição ao longo do ano. A agricultura tem sido o principal motor da atividade económica.

Durante muito tempo, na Costa do Marfim e nas organizações internacionais de desenvolvimento, falou-se, e ainda se fala, da queda dos preços das principais exportações agrícolas. Durante décadas, os limites das exportações não transformadas das principais culturas agrícolas pareciam ter sido ignorados.

A questão da transformação dos produtos agrícolas em produtos semi-acabados ou acabados não era considerada prioritária para o governo. É certo que, para os dirigentes da época, era mais fácil exportar matérias-primas para gerar recursos financeiros imediatos e a curto prazo. Não se pensou em identificar e criar programas ou projectos de transformação das matérias-primas. Foi, pode dizer-se, uma política de vistas curtas que se manteve durante anos, se não décadas. Hoje, a Costa do Marfim está a pagar caro as consequências desta política, baseada na exportação de matérias-primas em todas as direcções.

No entanto, é de notar que, ao longo do desenvolvimento económico da Costa do Marfim, houve aspectos que não foram suficientemente dominados. Outros aspectos foram mesmo ignorados. Por exemplo, os marfinenses não foram organizados para dominar os diferentes sectores da atividade económica.

A condução da ação económica não foi acompanhada de slogans susceptíveis de levar os cidadãos da Costa do Marfim a assumir um papel de liderança na atividade económica a nível local e nacional. A ausência de slogans mobilizadores foi considerada como uma das fraquezas mais flagrantes da condução da ação económica. A Costa do Marfim está hoje a pagar o preço disso, com uma atitude de espera por parte dos cidadãos que continuam a dizer "o Estado deve fazer isto ou aquilo". Os marfinenses excluem-se onde deveriam ser actores principais e essenciais. A função pública destruiu o seu compromisso de participação real e duradoura na atividade económica. Quando, ao mesmo tempo, os estrangeiros se organizaram, pelo contrário, para se apoderarem de vastas áreas da atividade económica. O balanço da ação económica é dececionante e, hoje em dia, a perspetiva de os marfinenses assumirem o controlo de domínios essenciais da atividade económica continua a ser sombria.

3.4. Ameaças ao desenvolvimento local

As crises políticas, a guerra e as crises económicas que marcaram a vida da nação foram particularmente prejudiciais para o seu progresso. As diferentes crises não foram geridas de forma satisfatória. Uma das verdadeiras ameaças ao desenvolvimento local são as eleições autárquicas. A Costa do Marfim sai sempre das eleições autárquicas com sequelas, ou mesmo com dissensões, entre a população.

Após as eleições, é difícil reconciliar as populações. Isto enfraquece todas as colectividades locais e constitui um rude golpe para o projeto de desenvolvimento proposto às populações. A realização deste projeto fica assim hipotecada. No dia em que os candidatos às eleições autárquicas se apresentarem com a intenção de trabalhar verdadeiramente para o progresso da coletividade e, por conseguinte, no interesse das populações, deixaremos de assistir a estes discursos políticos odiosos, baseados na mentira e na batota.

3.5. Recursos mobilizados para o desenvolvimento local

Os recursos humanos devem ser examinados em termos da sua adequação ao objetivo de desenvolvimento local. A formação e a qualificação do pessoal das colectividades locais é uma questão estratégica. A experiência profissional do pessoal, o seu nível de empenhamento no trabalho, a atribuição de funções e responsabilidades e a sua motivação são factores que determinam o desempenho das autoridades locais.

A análise dos recursos financeiros de que as colectividades locais necessitavam para o seu funcionamento geral e para a realização de investimentos produtivos mostra que estes não corresponderam às expectativas. Na realidade, as colectividades locais nunca dispuseram de recursos financeiros para trabalhar. Os orçamentos reduzidos das autarquias locais permitiram a realização de pequenos projectos. Este facto pode ser interpretado como uma falta de ambição por parte das autoridades públicas. Esta situação ainda não permitiu encontrar soluções adequadas para os problemas que afectam estas comunidades.

Os recursos técnicos e logísticos são examinados em termos de materiais de trabalho utilizados, de material burótico e de veículos e outros equipamentos de trabalho. Atualmente, o nível de equipamento utilizado pelas colectividades locais é ainda baixo. Verifica-se igualmente uma falta de rigor na gestão dos materiais de trabalho atribuídos às colectividades locais, incluindo os veículos motorizados. As viaturas das colectividades locais são regularmente utilizadas para o transporte de bens e de propriedades de particulares. De facto, a gestão dos bens das colectividades locais é muito pouco rigorosa.

3.6. Gerir as parcerias económicas

O desenvolvimento de parcerias socioeconómicas é uma opção cada vez mais recomendada pelas colectividades locais. Estas parcerias permitem-lhes abrir-se ao mundo exterior. O conteúdo destas parcerias deve ser suficientemente claro para que todas as partes interessadas possam compreendê-las melhor.

Além disso, a gestão destas parcerias económicas não é suficientemente optimizada. Por conseguinte, nem sempre responde às necessidades dos parceiros. O objetivo de uma parceria económica é ter um impacto real nas iniciativas de desenvolvimento local e, consequentemente, na vida das comunidades parceiras.

O quadro político, social e económico em que as colectividades locais evoluíram até à data não foi favorável ao seu desenvolvimento. Não permitiu a realização de programas e projectos que correspondessem às ambições declaradas da Costa do Marfim. Não proporcionou os recursos humanos e financeiros necessários à realização das acções de desenvolvimento.

Capítulo 4: A descentralização e a macrocefalia de Abidjan

O tecido urbano da Costa do Marfim caracteriza-se pelo predomínio de Abidjan. Cidade macrocefálica, Abidjan é o orgulho dos seus dirigentes e dos seus habitantes. Mas, ao mesmo tempo, continua a ser uma concentração "perfeita" de problemas urbanos actuais.

Para o nosso país, defendemos que a posição predominante de Abidjan no tecido urbano constitui uma desvantagem para o equilíbrio do território nacional. A posição de Abidjan é idêntica à das capitais dos países da África Negra colonizados pela França. Este capítulo apresenta os aspectos essenciais desta macrocefalia e esboça algumas soluções possíveis, com vista a um desenvolvimento mais equilibrado do conjunto da Costa do Marfim.

4.1. Contexto: "Paris e o deserto francês

A questão é saber se a macrocefalia de Abidjan é um trunfo ou uma desvantagem para o desenvolvimento da Costa do Marfim. A França viveu esta situação com a cidade de Paris. A "Cidade Luz" concentrou tudo, esmagou tudo, esmagou tudo em França. Paris et le désert français" é o título de um livro escrito por Jean-François Gravier e publicado pela Portulan em 1947. Não havia deserto em França. O autor do livro, que foi considerado a bíblia da descentralização, quis utilizar este título colorido para dizer que, em França, existe Paris. E, para além de Paris, não havia outra cidade comparável a ela. O resto da França não tinha cidades que pudessem contrabalançar o peso de Paris. No rescaldo da Segunda Guerra Mundial, o jovem geógrafo, com apenas 32 anos, preconizou soluções para atenuar a macrocefalia de Paris.

Inspiradas por este livro, foram empreendidas importantes reformas em matéria de ordenamento do território. Nas décadas seguintes, estas reformas conduziram a uma abordagem mais equilibrada do desenvolvimento da França, com a criação ou o reforço de áreas metropolitanas em várias regiões.

A situação atual de Abidjan é idêntica à de Paris em 1947. Desafia-nos e chama a nossa atenção para a necessidade absoluta de empreender, também aqui, reformas para contrabalançar, nos próximos 30-40 anos, o peso excessivo de Abidjan na cena urbana nacional.

4.2 Caraterísticas da macrocefalia de Abidjan

No plano administrativo e político

Em Abidjan estão sediados os serviços administrativos, as principais instituições da República, as representações diplomáticas (embaixadas, consulados) e as organizações internacionais de cooperação para o desenvolvimento. Abidjan continua a ser o principal centro de decisão administrativa e política. Yamoussoukro, designada capital administrativa e política desde 1983, continua a lutar para se afirmar.

Dados demográficos

Abidjan, a capital económica da Costa do Marfim, alberga uma população de 4 395 243 habitantes, ou seja, 40% (RGHP 2014) da população urbana do país. De acordo com o mesmo recenseamento, a população de Bouaké e Daloa, segunda e terceira maiores cidades do país, é de 536 719 e 245 360 habitantes, respetivamente, sendo a população destas duas cidades de 782 079 habitantes, ou seja, apenas 17,79% da população de Abidjan.

No plano académico, científico e tecnológico

Só Abidjan representa a quase totalidade do potencial universitário, científico e tecnológico do país. O domínio esmagador de Abidjan em termos de competências científicas e tecnológicas nacionais é simbolizado pela presença de duas universidades públicas (as maiores do país). A estas universidades públicas junta-se uma multiplicidade de universidades ou faculdades privadas e de grandes écoles. O peso científico e tecnológico de Abidjan reflecte-se igualmente nos seus gabinetes de conceção técnica, consultores, gabinetes de advogados, gabinetes de contabilidade, etc.

Na frente económica

A cidade de Abidjan dispõe de quatro (4) zonas industriais situadas respetivamente em Vridi, Koumassi, Yopougon e Akoupe-Zeudji (PK 28 da autoestrada do Norte). A cidade de Abidjan acolhe a maior parte do tecido industrial de produção, transformação e comercialização do país. É, sem dúvida, o principal centro de atividade económica.

Saúde

Abidjan dispõe de quatro hospitais universitários (CHU) de nível internacional, respetivamente em Cocody, Treichville, Yopougon e Angré. Abriga também dezenas de clínicas de saúde e policlínicas, algumas das quais de nível mundial.

Serviços

Abidjan tem a maior parte dos serviços prestados à população da Costa do Marfim (não tem tudo o que as cidades do seu nível em todo o mundo têm). Há bancos, companhias de seguros, lojas, supermercados, restaurantes de topo, etc.

Turismo e hotelaria

Abidjan dispõe de uma dezena de hotéis de classe mundial, o que lhe permite acolher reuniões e conferências internacionais com centenas ou milhares de participantes.

Lazer e cultura

Abidjan alberga o Palácio da Cultura, bibliotecas, cinemas e salas de espetáculo. Abidjan é o lar de músicos e grupos musicais de renome nacional e internacional.

Na frente do aeroporto

Abidjan tem o maior aeroporto da Costa do Marfim (e mesmo da região da UEMOA). O aeroporto de Abidjan Port-Bouet tem cerca de quarenta voos e aterragens por dia, contra um ou dois voos e aterragens em San Pedro.

Investimento em infra-estruturas rodoviárias

Abidjan é atualmente responsável pela maior parte dos investimentos em infra-estruturas rodoviárias. Estas incluem pontes e nós de ligação.

4.3. A necessidade de reforma

4.3.1. Reformas para equilibrar Abidjan

São necessárias reformas para planear o desenvolvimento desta grande área geográfica a que chamamos a **"Grande Circular de Abidjan"**. O anel exterior estende-se, evidentemente, para além de Abidjan. Estende-se por cerca de duzentos quilómetros à volta de Abidjan. Até 2030-2040, o desenvolvimento equilibrado desta zona contribuirá para descongestionar a atual aglomeração de Abidjan. A "Grande Couronne d'Abidjan" desenvolver-se-á em torno dos três (3) <u>centros seguintes:</u>

➢ **POLO 1 (Oeste)**
Dabou, Grand-Lahou, Fresco, Tiassalé, Divo.

➢ **POLO 2 (Este)**
Grand-Bassam, Bonoua, Adiaké, Aboisso, Tiapoum, Noé.

➢ **POLO 3 (Norte)**
Anyama, Agboville, Adzopé, Bongouanou e Abengourou.

4.3.2. Reformas para promover os pólos regionais

O funcionamento atual da aglomeração de Abidjan não é o ideal. Esta situação sugere que, mesmo nas hipóteses económicas mais optimistas, Abidjan continuará a colocar sérios problemas ao país em 2030-2040. A resolução dos problemas de Abidjan neste período deve agora ser encarada na perspetiva da identificação e promoção de pólos regionais de desenvolvimento humano, económico, científico e tecnológico sustentável.

Os pólos estão organizados numa hierarquia, do maior para o mais pequeno. Os investimentos devem ser distribuídos judiciosamente em função da dimensão de cada pólo, do seu objetivo e do grau de deterioração das suas infra-estruturas.

4.3.3. Sugestões de reforma da organização do território

O conjunto do território nacional da Costa do Marfim pode ser disperso por grandes clusters espaciais, com vocação social, económica, científica ou tecnológica. A título de exemplo, podem ser definidos os seguintes pólos de desenvolvimento ou agrupamentos de pólos:

Quadro: Pólos de desenvolvimento na Costa do Marfim

N°	Centros	Cidade principal
1	Odienné Boundiali	Odienne
2	Touba Seguela Mankono	Seguela
3	Korhogo Ferké Kong	Korhogo
4	Homem Danané Guiglo Duekoue	Homem
5	Daloa Issia Vavoua Zuenoula	Daloa
6	San Pedro Sassandra Grand-Bereby Tabou Grabo	São Pedro
7	Gagnoa Soubré Lakota Oumé	Gagnoa
8	Yamoussoukro Bouaflé Toumodi Dimbokro Tiebissou Didievi	Yamoussoukro
9	Bouaké Béoumi Sakassou	Bouaké
10	Daoukro Mbahiakro Bocanda Prikro	Daoukro
11	Katiola Satama-Sokoura Dabakala	Katiola
12	Bondoukou Tanda Bouna	Bondoukou

No total, para além da zona da grande Abidjan, a Costa do Marfim será dividida em doze (12) centros ou grupos de centros de desenvolvimento. O desenvolvimento, o equipamento e a gestão racional destes centros permitirão reduzir consideravelmente não só as disparidades regionais, mas sobretudo o peso de Abidjan nas contas nacionais. Esta sugestão merece ser analisada com seriedade.

4.4. Potencialidades dos subúrbios do interior de Abidjan

A identificação de todas as potencialidades da zona da Grande Abidjan (recursos naturais e ambiente, recursos humanos, recursos económicos) é um aspeto essencial. Uma análise detalhada e objetiva destas potencialidades permitirá fazer um diagnóstico relativamente preciso. Com base neste diagnóstico, serão definidos ou identificados planos estratégicos de desenvolvimento e projectos sectoriais de desenvolvimento, que serão programados e executados de acordo com um calendário estabelecido. A recolha e a análise dos dados relativos à zona da Grande Abidjan terão uma duração de dois anos.

Planeamento regional da zona da Grande Abidjan
A zona da Grande Couronne de Abidjan deve ser objeto de um desenvolvimento e de um equipamento adequados para que possa desempenhar o seu papel de motor de desenvolvimento. Para o efeito, é necessário criar os seguintes documentos e instrumentos de referência

Documentos e instrumentos regionais
- Plano de Ordenamento e Desenvolvimento Regional da Grande Abidjan ;
- O Plano de Desenvolvimento da Grande Abidjan;

- Observatório Regional de Ordenamento do Território da Grande Corte de Abidjan ;
- As contas económicas da região da Grande Abidjan.
- O Atlas da Grande Coroa de Abidjan.

Documentos e instrumentos locais
- O Plano Diretor Urbano de cada entidade (SDU) ;
- O Plano Diretor Urbano (PDU) de cada entidade;
- O plano urbanístico pormenorizado de cada entidade (PUD) ;
- O plano de subdivisão de cada entidade;
- O Plano de Desenvolvimento Estratégico de cada entidade.

Instrumentos financeiros

- Fonds d'Appui à l'Aménagement et au Développement de la Grande Couronne d'Abidjan;
- Contribuições financeiras para a integração sub-regional e regional ;
- Contribuições financeiras dos parceiros de desenvolvimento.

Disposições de coordenação e controlo-avaliação

- A Direção-Geral do Ordenamento da Grande Corte de Abidjan ;
- Os Conselheiros para o Desenvolvimento Urbano da Grande Abidjan.

4.5. Uma tentativa de tipologia de possíveis reformas

A execução dos programas e projectos de desenvolvimento na região da Grande Abidjan deve basear-se num conjunto diversificado de reformas. As reformas a realizar dizem respeito a todos os sectores de atividade. Propõe-se a seguinte tipologia.

Definição de uma política de investimento atractiva
- ➢ Demonstrar um compromisso firme para atrair investimentos para a região da Grande Abidjan.

Procedimento administrativo para o investimento
- ➢ Facilitação dos procedimentos administrativos para acelerar o tratamento dos pedidos apresentados pelos agentes económicos;
- ➢ Revisão dos diferentes procedimentos de investimento.

Otimização dos diferentes códigos de desenvolvimento setorial
- ➢ Código de investimento ;
- ➢ Código Florestal ;
- ➢ Código do solo rural e urbano;
- ➢ Código de investimento mineiro ;
- ➢ Código do Investimento Agrícola ;

- ➤ Código de investimento turístico e hoteleiro ;
- ➤ Código da Construção e da Habitação.

4.6. Benefícios das reformas

Vantagens em termos de terrenos e de habitação
- ➤ Criação de uma agência de desenvolvimento territorial urbano ;
- ➤ Disponibilização de terrenos com serviços e equipados para os operadores económicos;
- ➤ Redução de 50% no preço de compra de terrenos industriais urbanizados e equipados na região da Grande Paris;
- ➤ Registo gratuito do terreno do operador económico ou industrial ;

Vantagens económicas e aduaneiras
- ➤ Oferece facilidades para o estabelecimento de actividades económicas;
- ➤ Registo gratuito para a estrutura ;
- ➤ Facilidades económicas e aduaneiras para a importação de máquinas e ferramentas de produção.

Benefícios financeiros
- ➤ Criação de um banco para financiar o desenvolvimento da zona da Grande Abidjan ;
- ➤ Apoio financeiro à relocalização e à instalação de uma atividade económica, científica ou tecnológica na zona da grande Abidjan;
- ➤ Apoio financeiro para o estabelecimento inicial de uma atividade económica, científica ou tecnológica no interior da periferia;
- ➤ Desconto de 50% nas despesas de eletricidade, água, telefone e ligação à Internet.

Benefícios fiscais

- ➤ Benefícios fiscais para as empresas que pretendam instalar-se na região da Grande Paris durante três anos;
- ➤ Uma redução de 50% da taxa BIC para todas as empresas que pretendam instalar-se nos subúrbios, por um período de três anos.

Benefícios da formação profissional
- ➤ Isenção do pagamento de taxas de formação profissional durante três anos;
- ➤ Formação e reforço das capacidades dos trabalhadores das empresas situadas na região da Grande Paris.

Vantagens jurídicas
- ➤ Serviços jurídicos gratuitos e assistência a qualquer empresa que pretenda estabelecer-se na zona;
- ➤ Reforço dos textos jurídicos relativos à proteção dos investimentos na Grande Couronne.

4.7. <u>Desenvolvimento económico, social e ambiental</u>
<u>   educação-formação</u>

Infra-estruturas rodoviárias
➤ Densificação ou reforço da rede rodoviária e de auto-estradas da
  Grande Couronne através da abertura de novas estradas;
➤ Melhoria da rede rodoviária existente na região da Grande Paris.

Abastecimento de água potável
➤ Realizar os investimentos necessários para o abastecimento de água
  potável na região da Grande Paris;
➤ Reforço da rede de abastecimento de água existente através da
  construção de novas torres de água.

Fornecimento de eletricidade
➤ Utilização de energias convencionais ;
➤ Promover as energias renováveis.

Telecomunicações e economia digital
➤ Melhorias nas telecomunicações convencionais ;
➤ Promover a comunicação digital.

Gestão dos recursos naturais e do ambiente

➤ Programas e projectos para a gestão racional dos recursos naturais ;
➤ Programas e projectos para uma gestão racional do ambiente ;
➤ Programas e projectos de luta contra as alterações climáticas.

Economia digital e inteligência empresarial
➤ Promover a economia digital ;
➤ Promover a inteligência empresarial.

Educação e formação
➤ Criação de universidades e escolas técnicas de alto nível para a
  formação inicial e profissional dos trabalhadores da economia local;
➤ Adequação dos programas de formação às necessidades da economia
  local ;
➤ Promoção de programas de formação em alternância com empresas da
  região da Grande Paris (desemprego zero entre os diplomados).

Habitação e propriedade de habitação
➤ Melhorar as condições de criação de habitação ;
➤ Eliminação de todas as formas de habitação degradada e precária,
  promovendo a habitação para os mais desfavorecidos (métodos de
  financiamento adaptados, formas mutualistas de produção de
  habitação).

Programa de investimento para a criação de emprego

- ➤ Criação de centros de desenvolvimento do espírito empresarial na Grande Couronne;
- ➤ Criação de centros de estudo, de assistência e de avaliação para as empresas ;
- ➤ Criação de um fundo de investimento para a criação de emprego e o desenvolvimento;
- ➤ Criação de um fundo para apoiar o espírito empresarial dos jovens;
- ➤ Expansão e modernização das empresas criadas e geridas por jovens e mulheres.

Programa de promoção da economia circular
- ➤ Consumo responsável dos recursos naturais na zona da grande Abidjan ;
- ➤ Consumo responsável de matérias-primas na zona da grande Abidjan ;
- ➤ Produção e gestão racional dos resíduos sólidos na zona da grande Abidjan ;
- ➤ Gestão das oportunidades ligadas à economia circular para a criação de emprego na zona da Grande Abidjan ;

Promover o sector do turismo e a qualidade de vida
- ➤ Plano de desenvolvimento turístico da região ;
- ➤ Qualidade de vida na região.

Promoção da informação económica
- ➤ Recolha e análise de dados (banco de dados económicos)
- ➤ Divulgação de informações económicas.

Este capítulo convida as autoridades governamentais a examinarem o futuro da cidade de Abidjan nos próximos 30-40 anos. Este futuro só pode ser perspectivado e construído com os pólos de desenvolvimento ou agrupamentos de pólos recomendados.

O nosso desejo mais ardente é que, com base nesta reflexão, os poderes públicos tomem as iniciativas mais ousadas. Uma dessas iniciativas seria, por exemplo, a criação de um programa de estudos sectoriais para determinar a viabilidade da Grande Circular de Abidjan. O plano de desenvolvimento estratégico que seria elaborado no final destes estudos especificaria as reformas necessárias para alcançar os resultados esperados.

Capítulo 5: Responsabilidades ou poderes transferidos

A Costa do Marfim transferiu responsabilidades ou competências para as colectividades locais. As autoridades governamentais actuaram no sentido de aumentar os poderes dessas autoridades. Naturalmente, estas últimas aplaudiram. Ficaram desiludidos porque, de um dia para o outro, se viram com responsabilidades ou poderes sem os poderem exercer efetivamente devido à ausência ou insuficiência de recursos humanos, jurídicos e financeiros para apoiar essa transferência. Do ponto de vista jurídico, os vários decretos de execução desta lei não foram publicados, o que torna a sua aplicação praticamente impossível.

5.1. Responsabilidades ou poderes transferidos

LEI N.º 2003-208 DE 07 DE JULHO DE 2003 RELATIVA À TRANSFERÊNCIA E REPARTIÇÃO DE COMPETÊNCIAS DO ESTADO PARA AS AUTARQUIAS LOCAIS

As responsabilidades ou competências transferidas pelo Estado para as autarquias locais da Costa do Marfim são :
- planeamento regional ;
- planeamento do desenvolvimento ;
- planeamento urbano e habitação ;
- estradas e outras redes;
- transporte ;
- saúde, higiene pública e qualidade ;
- proteção do ambiente e gestão dos recursos naturais ;
- segurança e proteção civil ;
- ensino, investigação científica e formação profissional e técnica ;
- actividades de desenvolvimento social, cultural e humano ;
- desporto e lazer ;
- promover o desenvolvimento económico e o emprego ;
- promoção do turismo ;
- comunicação ;
- água, saneamento e eletrificação;
- promoção da família, dos jovens, das mulheres, das crianças, dos deficientes e dos idosos.

5.2. Poderes de gestão das competências transferidas

A observação atenta e objetiva das responsabilidades ou competências constantes desta lista, tendo em conta a situação atual das autarquias locais na Costa do Marfim, leva-nos a tecer as seguintes observações sobre o seu exercício:
- Do nosso ponto de vista, o número de competências (16) transferidas para as autarquias locais e regionais é excessivo;

- A decisão de transferir estes poderes para as autoridades locais não está claramente de acordo com o que já existe ou com o que está efetivamente a acontecer;
- Na situação atual, é absolutamente impossível para as colectividades locais do país assumir estas competências, devido à ausência ou insuficiência de recursos humanos, tanto quantitativa como qualitativamente, e à fraca capacidade de "absorção técnica" das colectividades (insuficiência ou ausência de conhecimentos ou de saber-fazer, ou de saber-fazer no seu seio);
- A ausência de decretos de aplicação não permitiu clarificar os papéis e as responsabilidades dos actores locais, de modo a que as competências possam ser tidas em conta de forma real e eficaz.

A transferência de responsabilidades ou de competências não é realista. Além disso, esta transferência é pesada e as colectividades locais, no estado atual do seu desenvolvimento, têm pouca capacidade para absorver ou gerir estas responsabilidades.

5.3. Transferência de responsabilidades ou competências e depois?

A transferência de responsabilidades é uma questão essencial. Merece ser colocada. A análise de todos os comentários oficiais sobre as colectividades locais da Costa do Marfim nos últimos anos revela, de um modo geral, a insuficiência da organização estrutural e estratégica das colectividades locais do país. Por exemplo, o porta-voz do Governo da Costa do Marfim, Bruno Nabagné Koné, declarou: "*Avançar mais rapidamente para uma organização que favoreça a eficácia e o desenvolvimento. [2]A região e a comuna são os dois tipos de colectividades locais mais adequados para promover o desenvolvimento local e assegurar a plena participação das populações na gestão dos seus assuntos*".

O que diz a Constituição da Costa do Marfim sobre o financiamento das colectividades locais? Não é omissa sobre o assunto. [3]O artigo 174.º da Constituição de 30 de outubro de 2016 estipula: "*Qualquer transferência de competências entre o Estado e as colectividades locais é acompanhada da atribuição de recursos equivalentes aos que foram consagrados ao seu exercício*". Tudo está claramente previsto na lei. Mas, na realidade, o Estado quase nunca cumpriu esta condição. Tudo leva a crer que, para o Estado da Costa do Marfim, a simples transferência de responsabilidades ou competências é suficiente para que tudo se resolva. A transferência de responsabilidades ou de competências para as colectividades locais é apenas uma etapa. O poder de exercer efetivamente essas responsabilidades ou poderes é a etapa seguinte. Mas esse poder não existe. Os eleitos locais não podem decidir, com toda a liberdade, o que deve ser feito, porque não dispõem dos meios humanos e financeiros necessários para cumprir o seu mandato. Mesmo quando os orçamentos das colectividades locais são adoptados ou

---

[2] Declaração feita no final da reunião do Conselho de Ministros realizada em Yamoussoukro em 28 de setembro de 2011.

[3] Dagobert Banzio (SG do Ardci), "O Estado transferiu-nos 16 competências sem os recursos necessários", in Fraternité Matin de 28 de fevereiro de 2017, página X

aprovados todos os anos, não são executados a cem por cento. Os autarcas estão a gritar de consternação perante a diminuição drástica dos meios financeiros concedidos pelo Estado.

Em suma, encontramo-nos num contexto em que o Estado da Costa do Marfim não parece ter-se preparado verdadeiramente antes de transferir tantas responsabilidades ou competências para as colectividades locais. Estas não dispõem de poderes para mobilizar recursos humanos e financeiros. Ainda não foram capazes de adotar abordagens capazes de lhes permitir sair da situação assim criada.

5.4. Compreender o funcionamento das autarquias locais

5.4.1. Órgãos das colectividades locais da Costa do Marfim

Para o seu funcionamento, as autarquias locais da Costa do Marfim dispõem dos três (3) órgãos seguintes: o órgão deliberativo, o órgão executivo e o órgão de apoio ao executivo.

1°) **O órgão deliberativo** é composto por Conselheiros. Assim, existe o Conselho Regional, o Conselho Distrital e o Conselho Municipal.

2°) **O órgão executivo** é a pessoa que preside ao Conselho, executa as suas decisões e gere a administração quotidiana da comunidade. Trata-se do Presidente do Conselho Regional, do Governador do Distrito e do Presidente da Câmara Municipal.

3°) **O órgão de apoio do executivo** é o colégio restrito composto pelo executivo e pelos seus adjuntos (4 a 6). Assim, existe o Gabinete do Conselho Regional, o Gabinete do Conselho Distrital e o Município.

Para além destes 3 tipos de órgãos, algumas autarquias dispõem de órgãos consultivos, que devem ser consultados previamente sobre os assuntos da competência da autarquia (planos, programas, orçamentos, etc.) e que são compostos por pessoas representativas da sociedade civil: o Comité Económico e Social Regional para a Região, o Comité Consultivo Distrital para o Distrito. A Câmara Municipal não dispõe de um órgão consultivo. No entanto, tendo em conta a dimensão dos problemas socioeconómicos das comunas, a criação de um órgão consultivo não seria supérflua.

5.4.2. Procedimentos operacionais das autoridades locais

As autoridades investidas de poder executivo nas comunidades territoriais reúnem as Mesas ou as Câmaras Municipais na sede da entidade descentralizada, pelo menos uma vez por mês e sempre que necessário, para tratar de assuntos da sua competência. Todavia, a autoridade de tutela pode autorizar que as reuniões das Mesas ou das Câmaras Municipais se realizem em locais diferentes da referida sede e situados no perímetro da autarquia local.

As Mesas dos Conselhos e das Câmaras Municipais só podem deliberar validamente sobre a ordem de trabalhos se estiver presente pelo menos metade dos seus membros. Se o quórum não for atingido após a primeira reunião devidamente convocada, a decisão tomada após a segunda reunião, convocada com um intervalo mínimo de oito dias, é válida independentemente do número de membros presentes.

No entanto, em tempo de guerra ou de calamidade, especifica o texto, as Mesas dos Conselhos e as Câmaras Municipais deliberam validamente, independentemente do número de membros presentes. As decisões das Mesas e das Câmaras Municipais são tomadas por maioria relativa. Em caso de empate, é decisivo o voto da autoridade investida de poder executivo na autarquia local. As reuniões das Mesas e das Câmaras Municipais não são públicas. Os titulares e as autarquias podem convidar a participar nas suas reuniões, a título consultivo, todas as pessoas cuja presença considerem útil.

As actas das reuniões do Conselho e das Mesas Municipais devem mencionar a identidade das pessoas ausentes e a decisão tomada sobre a legitimidade ou não dos motivos de ausência. Qualquer ausência injustificada é considerada ilegítima.

As actas das reuniões dos responsáveis e das autarquias são comunicadas aos Conselhos na sua reunião seguinte.

Nas cerimónias públicas e sempre que o exercício das suas funções o exija, os membros das Mesas e das Câmaras Municipais usam um lenço atado à cintura como sinal distintivo das suas funções. Este lenço, com as cores nacionais, é constituído por três faixas de trinta e três milímetros, com franjas e borlas douradas nas extremidades para as autoridades investidas de poder executivo nas autarquias locais e franjas e borlas prateadas para os restantes membros das Mesas e das Câmaras Municipais.

5.5. O que é que a Costa do Marfim quer realmente?

A observação atenta e objetiva da lista das responsabilidades ou competências transferidas, à luz da situação atual das autoridades locais na Costa do Marfim, leva-nos a colocar esta questão. A resposta a esta pergunta deve esclarecer-nos. A Costa do Marfim quer criar os elementos de um desenvolvimento de base local. Todos concordam com este objetivo global. Ao mesmo tempo, dizemos que a Costa do Marfim ainda não se dotou dos meios para o alcançar. Quando falamos de meios, referimo-nos a recursos humanos e financeiros, a elementos jurídicos e ao saber-fazer dos representantes eleitos. Atualmente, estes recursos não são suficientes para responder às expectativas da população.

Não é demasiado tarde para a Costa do Marfim rever toda a questão da descentralização. Deve fazêlo de forma objetiva, sem cálculos políticos. A preocupação das autoridades centrais é permitir que as autoridades locais trabalhem efetivamente. Ao trabalharem eficazmente, aliviam a carga de trabalho do governo central. É disso que se trata na descentralização.

5.6. Quais são as perspectivas de gestão das competências transferidas?

Perante esta situação, o que é que deve ser feito? Por outras palavras, quais são as perspectivas para a Costa do Marfim? Pela nossa parte, colocamos as duas hipóteses seguintes:

✓ Primeira hipótese: o Estado da Costa do Marfim mantém as competências transferidas para as colectividades locais na sua forma atual. Em seguida, dedica tempo a preparar os diferentes decretos de aplicação de cada uma das competências transferidas. Em seguida, compromete-se a colocar à disposição das autarquias locais os recursos humanos, financeiros e logísticos adequados, bem como os conhecimentos e o saber-fazer necessários ao seu bom funcionamento e à realização dos investimentos adequados.

✓ Segunda hipótese: O Estado da Costa do Marfim decide transferir as responsabilidades ou competências para as colectividades locais por etapas e, portanto, de forma progressiva. Neste caso, propõe-se preparar as colectividades locais para se habituarem ao processo ao longo dos anos. Em especial, pode ajudá-las, durante um período de três ou cinco anos, a adquirir os conhecimentos e o saber-fazer necessários para gerir da melhor forma as suas responsabilidades. Este período de aprendizagem e de reforço das capacidades permitiria às autarquias locais subir na hierarquia da gestão das responsabilidades ou competências transferidas, de acordo com um calendário consensual.

5.7. Efeitos da acumulação de funções

Ser titular de mais do que um cargo significa que, para além de ser o principal magistrado de uma localidade, o eleito exerce outro cargo público, semi-público ou privado. Por exemplo, um homem ou uma mulher que seja eleito(a) presidente da câmara de um município pode também exercer um cargo de diretor(a) de uma administração pública ou semi-pública, ou de ministro(a) ou vice-ministro(a).
 O exercício de mais de um cargo tem efeitos negativos diretos na condução das actividades da comunidade. Por exemplo, os representantes eleitos que exercem mais do que um cargo podem não ter tempo suficiente para desempenhar eficazmente as suas funções. É claro que podem contar com a qualidade da sua capacidade de organizar as suas actividades. A tecnologia digital atual permite ganhar tempo. Mas, de um modo geral, os eleitos têm a obrigação de recuperar o tempo perdido, de pôr as coisas em ordem. De um modo geral, são obrigados a realizar certas tarefas à pressa, o que constitui uma fonte de erros.
 Por outro lado, a multiplicidade de cargos implica a multiplicidade de recursos financeiros. Cada cargo confere ao seu titular o direito a uma remuneração ou a um subsídio. No entanto, a procura de ganhos financeiros através da posse de múltiplos cargos pode ser prejudicial à capacidade de um representante eleito para desempenhar as suas funções.

Além disso, aos olhos da opinião pública local, o exercício de vários cargos deu origem a comentários por vezes mordazes sobre os representantes eleitos em causa.

Por último, uma certa sensatez aconselha a que os autarcas que exercem múltiplas funções tenham a honestidade de renunciar a algumas delas, tanto mais que a gestão de uma autarquia, para ser mais eficaz, necessita do envolvimento e da proximidade do autarca que deve acompanhar todos os aspectos da vida da instituição.

Tendo em conta os inúmeros inconvenientes da multiplicidade de cargos na gestão das autarquias locais, cabe aos poderes públicos assumir a sua responsabilidade, pondo termo a esta prática. Esta decisão seria benéfica, não só para os próprios eleitos, mas também para as suas comunidades e populações. Hoje, a Costa do Marfim dispõe de um potencial de recursos humanos de qualidade em vários domínios da atividade humana. Não é correto constatar que, enquanto certos actores acumulam funções, outros, cada vez mais numerosos, não têm uma verdadeira ocupação. Temos de tomar uma decisão bem fundamentada.

Capítulo 6: Situação da descentralização na Costa do Marfim

O estado atual da descentralização na Costa do Marfim não é nada de especial. Alguns observadores da descentralização apontam resultados inegáveis, nomeadamente em termos de melhoria do nível das infra-estruturas das colectividades locais. Outros, pelo contrário, apontam uma certa lentidão na marcha da Costa do Marfim em direção ao progresso. Outros observadores, mais severos na sua apreciação, consideram que os resultados foram escassos em relação às esperanças criadas aquando da introdução do desenvolvimento municipal em 1980. Perante estas opiniões divergentes, vale a pena fazer uma análise objetiva da situação das colectividades locais para constatar que não é tão brilhante como se poderia pensar. Para tal, é necessário salientar alguns aspectos do sistema nacional de descentralização.

6.1. Objectivos da política de descentralização

Na Costa do Marfim, a descentralização foi considerada como um dos principais vectores da política dos sucessivos governos desde 1980. Nenhum deles se desviou do caminho da descentralização. Pelo contrário, cada governo procurou dar o seu cunho pessoal, de acordo com a sua visão do desenvolvimento local.

Emile Constant Bombet, Ministro do Interior e da Descentralização do Presidente Henri Konan Bédié, deu a seguinte definição de descentralização: *"A descentralização define-se como uma modificação do poder do Estado, como um processo técnico que confere maior ou menor liberdade às colectividades locais para regularem os seus próprios assuntos. Consiste, portanto, na atribuição de poderes de decisão a órgãos próprios, distintos dos do Estado. Trata-se de um sistema que permite uma grande margem de decisão local sem interferir com o interesse nacional, na medida em que a responsabilidade última pelo bem-estar social cabe ao Estado. [4]Por último, é criado para criar as condições objectivas de um desenvolvimento equilibrado e auto-sustentado"* .

O Ministro Constant Bombet prosseguiu dizendo que: *"O objetivo da descentralização é favorecer a participação das populações locais nos assuntos que lhes dizem respeito em primeiro lugar, bem como a animação da vida local, com vista a promover e facilitar o desenvolvimento. A descentralização é considerada como o meio mais eficaz de conseguir uma escolha coerente e, por conseguinte, sustentável dos investimentos a efetuar"*.

A descentralização ocorre num contexto nacional caracterizado hoje por profundas mudanças em vários sectores da atividade humana. Assistimos a mudanças políticas, sociais, culturais, económicas e ambientais em todo o país. O movimento de descentralização nacional é irreversível. Está a ser desenvolvido e implementado tendo em conta estas diferentes mudanças.

---

[4] **BOMBET, Emile Constant**. Apresentação introdutória do programa governamental de descentralização e de ordenamento do território, por ocasião da Mesa Redonda dos Doadores sobre *"Descentralização e Ordenamento do Território"*, realizada em Yamoussoukro de 12 a 14 de maio de 1997.

6.2. Diagnóstico do contexto sócio-político

6.2.1. No plano político

No que diz respeito à política de descentralização, é importante recordar que houve uma vontade política de optar por esta forma de governação do território nacional. Houve intenções reais de construir o progresso do país a partir da base. No entanto, é de salientar que a tradução desta vontade em programas ou projectos de desenvolvimento não foi eficaz ou total. Vários factores podem explicar esta situação. Em primeiro lugar, houve, sem dúvida, uma política de transferência de responsabilidades ou competências do governo central para as autoridades locais. Esta política não foi suficientemente compreendida ou baseada nas realidades do país. Por outras palavras, houve uma transferência "ambiciosa" que, infelizmente, não se baseou na capacidade das autoridades locais para gerir essas competências. No fim de contas, a transferência de responsabilidades ou de competências é um processo que não está efetivamente concluído. De certa forma, é como uma sinfonia inacabada.

6.2.2. Ambiente administrativo

O atual estatuto administrativo dos representantes eleitos das autarquias locais suscita uma série de preocupações. Não lhes permite exercer eficazmente o seu mandato. Por exemplo, em termos materiais, este estatuto proporciona aos conselheiros municipais subsídios considerados irrisórios em relação ao trabalho que têm de efetuar. Em todo o caso, este estatuto não é motivador para os autarcas. Os observadores das colectividades locais referem, com razão, o absentismo dos eleitos. Este absentismo é visto como o resultado da sua incapacidade de responder às múltiplas necessidades da população. Os autarcas parecem estar a fugir das populações a quem fizeram tantas promessas. Esta é uma fonte de grande frustração para as populações locais, que querem vê-los, encontrá-los e ouvir o que têm para dizer sobre as questões que as preocupam.

Os trabalhadores das colectividades locais não estão em melhor situação. O seu estatuto também levanta problemas. O estatuto dos funcionários públicos locais, o congelamento das promoções e os salários em atraso são questões recorrentes. O estatuto não lhes garante direitos e benefícios atractivos. Estes trabalhadores queixam-se da falta de um perfil de carreira atrativo. A questão do estatuto dos trabalhadores das autarquias locais levanta a questão da sua responsabilidade, da sustentabilidade do seu emprego e da sua mobilidade profissional. O nível da sua remuneração não os motiva a melhorar o seu desempenho individual e coletivo.

6.3. Diagnóstico da gestão dos serviços urbanos

Desde a crise económica de meados da década de 1980, não foram construídas novas infra-estruturas sociais e o estado físico das infra-estruturas existentes deteriorou-se em geral. Esta situação foi agravada pela diminuição dos recursos do Estado e pelas crises políticas que o país atravessou. Para além de tudo o que pode ser dito sobre a falta de prestação de serviços sociais básicos, constatamos que se trata de um problema de governação.

6.3.1. Abastecimento de água potável

O abastecimento de água potável às comunidades locais continua a ser um dos maiores desafios da Costa do Marfim. Em muitas zonas do país, as mulheres e as raparigas continuam a abastecer-se de água nos rios, pântanos e lagoas, com todos os riscos que isso implica para a saúde.

"Tinha uma consulta marcada para terça-feira, 24 de março de 2020, com o Dr. Koutoua Amon Jean-Pierre, Chefe dos Serviços Técnicos da Câmara Municipal de Issia. Cheguei ao seu gabinete às dez da manhã, vindo da cidade de Issia. Chamei-o do seu gabinete para o cumprimentar. Ele disse-me que ainda estava em casa e que estava prestes a ir para o seu gabinete".

Depois, a sua secretária diz-me que o patrão chega sempre muito cedo ao escritório. *Mas", apressa-se a informar-me, "desde há quatro dias que o abastecimento de água foi interrompido na cidade de Issia. Por isso, os guardas levam dois bidões de água para a Gruta, noutro bairro, para a levar ao chefe dos serviços técnicos para ser lavada. Depois disso, ele pode ir para o escritório.*

Esta situação não é específica da cidade de Issia, que tem 86 000 habitantes. Dezenas de outras cidades, grandes e pequenas, estão a passar pela mesma situação, incluindo Daloa, a terceira maior cidade da Costa do Marfim. É fácil perceber porque é que as pessoas em algumas das aldeias do país ainda obtêm a sua água do marigot. Que governo não fez promessas às pessoas e aos habitantes das cidades e aldeias da Costa do Marfim durante a campanha eleitoral para as eleições autárquicas? O resultado é que, em 2020, a água potável continua a ser um bem raro nas nossas comunidades locais.

6.3.2. Prestação de serviços escolares

Em 2020, existem várias escolas do ensino pré-escolar e primário em condições físicas surpreendentemente precárias. Há jardins-de-infância e escolas primárias construídas em taipa, escolas com tectos de palha ou de papot, muitas vezes sem paredes. De um modo geral, na Costa do Marfim, muitas das infra-estruturas escolares existentes encontram-se em estado calamitoso devido à falta de manutenção. Há também muitas escolas secundárias em estado físico deplorável. Nestes estabelecimentos, as paredes estão rachadas, permitindo a infiltração da água da chuva, o que provoca inevitavelmente um elevado nível de humidade nas salas de aula. Os tectos pendem sobre as cabeças dos professores e dos alunos como uma espada de Dâmocles. Há também sistemas de iluminação das salas de aula defeituosos ou obsoletos, paredes danificadas ou pintadas, carpintarias (portas, janelas e armários) em mau estado e sistemas de canalização defeituosos ou obsoletos. Em todo o país, os estabelecimentos de ensino, nomeadamente os jardins-de-infância, as escolas primárias e secundárias, necessitam de obras de renovação.

Atualmente, há falta de escolas nas autarquias locais, com o corolário da sobrelotação das turmas existentes, o que é contrário à oferta de um bom ensino. Há também uma falta gritante de professores, actores fundamentais do sistema.

A Costa do Marfim vê-se obrigada a colmatar as lacunas com programas de recrutamento de professores a preços reduzidos. Recrutados e formados à pressa e atirados de forma descuidada para um sistema educativo já moribundo, a maioria dos novos professores recrutados através destes programas não tem vocação para abraçar e exercer a profissão de professor. Tudo isto mostra o estado de degradação do ensino na Costa do Marfim.

6.3.3. *Acesso aos serviços* de saúde

As autoridades locais prestam serviços de saúde e cuidados aos seus residentes. O problema é a forma como as pessoas acedem a esses serviços e cuidados. Como é que as pessoas cuidam de si próprias nas autarquias locais? Devido à pobreza, muitas pessoas são obrigadas a recorrer à medicina tradicional para resolver os seus problemas de saúde. Durante os anos de agitação, as autoridades públicas, quer centrais quer locais, não investiram na construção de instalações de saúde locais nem na formação de profissionais de saúde. O acesso aos cuidados de saúde e aos serviços de saúde, nomeadamente a nível local ou comunitário, tornou-se um verdadeiro problema para a população.

6.3.4. *Resíduos e higiene nas cidades e aldeias*

A gestão dos resíduos e do lixo nos centros urbanos e nas aldeias do país não é a melhor. Fala-se muito (incluindo slogans infantis). No final, os resultados não são conclusivos. Ficam muito aquém das expectativas. A omnipresença de resíduos sólidos não recolhidos nas cidades e aldeias da Costa do Marfim é uma vergonha nacional. Na realidade, a Costa do Marfim não foi capaz de encontrar as abordagens e estratégias necessárias para dar uma resposta sustentável ao desafio dos resíduos. Atualmente, a recolha de resíduos não envolve as colectividades locais, por paradoxal que pareça. Estas não são responsáveis por nada no que respeita à gestão dos resíduos e do lixo.

6.3.5. *Eletrificação das comunidades*

A eletrificação do país ainda não está a meio caminho. Em muitas cidades, há bairros que não estão iluminados. Muitas aldeias continuam na escuridão. As promessas feitas pelos sucessivos governos não foram cumpridas. Esta situação torna impossível lançar as bases do desenvolvimento local, uma vez que muitas iniciativas são sufocadas pela ausência de eletricidade. As fontes de energia renováveis não foram promovidas, devido à falta de vontade política clara e de conhecimentos especializados na gestão do sector.

6.4. Diagnóstico do contexto económico

6.4.1. Potencial real mas impacto reduzido

O potencial económico da Costa do Marfim é enorme em comparação com muitos outros países africanos. Ninguém pode duvidar deste potencial. Até meados dos anos 80, a Costa do Marfim investiu bastante em infra-estruturas económicas. Entre 1995 e 2010, não houve praticamente nenhum investimento nas infra-estruturas económicas do país. As numerosas crises políticas ocorridas durante este período tiveram um impacto muito negativo nas infra-estruturas económicas existentes e no progresso económico do país. Esta situação reflectiu-se, nomeadamente, na ausência de grandes programas de investimento público e na deterioração física das infra-estruturas e dos serviços construídos durante os anos de bonança. Em suma, o potencial económico da Costa do Marfim não foi verdadeiramente aproveitado para melhorar as condições de vida da população. De 2011 a 2020, foram renovados os investimentos em infra-estruturas económicas. Mas ainda há trabalho a fazer em todo o país.

6.4.2. Pobreza galopante
Atualmente, a pobreza é omnipresente nos centros urbanos e nas aldeias da Costa do Marfim. Uma grande parte da população ativa está inativa. Homens e mulheres em plena capacidade física, sentados à sombra das árvores, nos cabarés ou nos quiosques de café ou de chá, passam o tempo a falar de assuntos que não lhes interessam. A ociosidade levou estes homens e mulheres a criticar tudo. Produz ódio, inveja e violência.

6.4.3. Fundos sociais das colectividades locais
Algumas colectividades locais criaram os chamados fundos sociais. Estes fundos foram criados para permitir às populações locais, nomeadamente aos jovens e às mulheres, desenvolverem actividades geradoras de rendimentos. A criação destes fundos responde a uma procura. No entanto, os resultados obtidos continuam a ser algo desconcertantes. Os fundos sociais são, de certa forma, vítimas do carácter demasiado social da sua criação e da sua gestão. De facto, sendo de natureza social, não havia qualquer obrigação de resultados por parte dos beneficiários. Os promotores dos fundos sociais não pensaram na sua sustentabilidade. Além disso, não havia garantias associadas à concessão dos fundos, o que significava que não podiam esperar um certo nível de eficácia. A escolha dos beneficiários (e dos projectos) é feita de forma pouco objetiva pelas autoridades locais. Além disso, os beneficiários dos fundos não receberam sequer uma formação sumária, por exemplo em contabilidade simplificada. Por último, os beneficiários não receberam qualquer apoio técnico, devido à falta de capacidade local para prestar esse apoio. Consequentemente, nem todos os projectos selecionados pelos serviços das autoridades locais foram executados de forma eficaz. Os resultados são decepcionantes na maior parte das colectividades locais do país.

6.5. Diagnóstico da organização e da comunicação

6.5.1. Organização racional
Para se enraizar e ser sustentável, o desenvolvimento local deve basear-se numa organização racional, metódica, rigorosa e controlada das

actividades. No entanto, uma análise objetiva e independente das condições do desenvolvimento local na Costa do Marfim revela a instabilidade política, e mesmo a desordem, que prevalece. Este facto impediu a Costa do Marfim de aproveitar a dinâmica dos anos 60 e 70. Na verdade, o processo foi interrompido. Foi como se, durante este período de instabilidade política e social, não houvesse organização, direção, bússola para orientar o progresso do país.

6.5.2. Mobilização dos trabalhadores

A instabilidade política e a consequente incerteza económica e social que o país viveu não permitiram a libertação da necessária energia criativa entre os seus cidadãos. Não foi possível motivar os trabalhadores, apesar de os salários não terem sido pagos regularmente em algumas colectividades locais. Os trabalhadores das colectividades locais pagaram o preço mais alto da crise política do país. Houve um período de queda da produtividade dos trabalhadores das colectividades locais, com múltiplas greves.

6.5.3. Comunicação nas autarquias locais

A comunicação é essencial para a organização e o funcionamento de uma autarquia local. É efectuada a pelo menos três níveis.

Em primeiro lugar, a comunicação interna, ou seja, no seio da própria autarquia local. Uma boa estratégia de comunicação interna pode mobilizar todos os actores da autarquia local para que compreendam primeiro o seu papel e depois actuem.

Em segundo lugar, a comunicação é efectuada entre as colectividades locais da mesma região, a fim de criar laços de solidariedade. Na Costa do Marfim, a comunicação entre as colectividades locais da mesma região é praticamente inexistente. Cada autarquia segue o seu próprio caminho, sem informar a autarquia vizinha. O objetivo da comunicação intercomunitária é permitir que uma autarquia local saiba o que a sua vizinha está a fazer. Trata-se, portanto, de uma forma de partilhar experiências.

Em terceiro lugar, a comunicação é efectuada entre a coletividade local e o exterior. Também neste caso, as colectividades locais da Costa do Marfim comunicam com o exterior sem informar os habitantes da região.

A comunicação a estes três níveis permite que a autarquia local chegue a todos os sectores da população e sensibilize uma série de intervenientes, tanto locais como externos, com a possibilidade de mobilizar parceiros. Por último, a comunicação diz respeito às mensagens que são preparadas e enviadas aos públicos-alvo.

6.6. Diagnóstico da coordenação e gestão da parceria

6.6.1. Coordenação das actividades

A organização das colectividades locais na Costa do Marfim coloca o Secretariado-Geral numa posição de coordenação administrativa central das actividades iniciadas e conduzidas por outros serviços.

6.6.2. Gestão de parcerias

O desejo dos representantes eleitos de desenvolver parcerias é louvável. Deve ser encorajado. Mas a vontade não é suficiente. O desenvolvimento e a gestão das parcerias pelas colectividades locais da Costa do Marfim apresentam deficiências. Em especial, há falta de know-how, ineficácia e, sobretudo, lentidão na execução das acções previstas no programa. Em todo o caso, existe um problema evidente de falta de especialização na gestão das parcerias.

6.7. Diagnóstico da gestão do desempenho

As autoridades locais têm objectivos globais a atingir através dos planos de desenvolvimento que adoptam. Os objectivos de desenvolvimento são alcançados com base em indicadores que servem de quadro de pontuação. O nível atual de desempenho das colectividades locais da Costa do Marfim é considerado médio ou mesmo fraco. A avaliação do desempenho das colectividades locais é um exercício de importância estratégica. Esta avaliação deve ser efectuada de forma objetiva por uma fonte independente.

6.8. Diagnóstico da gestão financeira das autarquias locais

Algumas das deficiências constatadas na gestão das colectividades locais da Costa do Marfim dizem respeito às finanças. Em parte, estas deficiências parecem ser consequência do estatuto atual dos eleitos. De um modo geral, são identificadas quatro (4) insuficiências quando se avalia a ação dos eleitos. Trata-se de irregularidades geralmente relacionadas com os processos:
- Sobrefaturação das aquisições ;
- Apropriação indevida de fundos e equipamentos;
- Actos de gestão de facto ;
- Corrupção.

As informações de que dispomos permitem-nos dar uma visão global da prática da sobrefaturação nas autarquias locais. Para efeitos do presente trabalho, selecionámos duas práticas de sobrefaturação: i) a compra de um autocarro; ii) a construção de um equipamento social ou económico.

Comprar um autocarro

O responsável da autarquia local pelo processo de aquisição do autocarro convida ou visita o representante do concessionário para propor o negócio. O representante do concessionário indica o preço real de venda do autocarro. Diz que o autocarro custa, por exemplo, 60 milhões de francos CFA no mercado local. O funcionário da autarquia sugere ao representante do concessionário: "*Pode aumentar a fatura para 80 ou 100 milhões*". O representante do concessionário elabora a fatura proforma a esse preço. No momento do pagamento, a coletividade local recebe, sob a forma de "desconto", a quantia de 20 ou 40 milhões de francos CFA, uma parte da qual é certamente paga ao agente do concessionário. Assim, a coletividade local paga mais pelo autocarro, porque foi claramente sobrefacturada. Trata-se de uma prática corrente na aquisição de bens e equipamentos.

Construção de uma instalação

O exemplo diz respeito à construção de um mercado municipal ou de bairro. O custo da construção do mercado é estimado, por exemplo, em 250 milhões de francos CFA. De um modo geral, o mercado construído não reflecte o custo indicado. Naturalmente, existe a suspeita de roubo. Os poderes públicos podem mandar proceder a uma contra-avaliação da construção em causa. Para o efeito, um engenheiro de construção ou mesmo um técnico de medição pode determinar o custo real da obra. Este último procede por corpo de Estado. Ele toma corpo a corpo. Determina a quantidade de materiais e equipamentos utilizados no momento da construção. Utiliza ou explora a tabela de preços em vigor na altura. No final da sua avaliação, pode indicar com exatidão o custo real da construção do contrato em questão. A sua peritagem não será de modo algum posta em causa.

É por esta razão que pensamos que, se quiséssemos avaliar todos os equipamentos sociais e económicos construídos nas colectividades locais, a maior parte dos eleitos da Costa do Marfim seria acusada de desvio de fundos públicos.

Capítulo 7: Planeamento do desenvolvimento local

O planeamento do desenvolvimento local implica a elaboração de um plano para orientar as acções de desenvolvimento. Planear o desenvolvimento significa prever, antecipar, organizar e realizar as acções consideradas necessárias.

7.1. Objectivos e necessidade de planeamento

Na procura do desenvolvimento, as colectividades locais dão a si próprias uma bússola ou um painel de instrumentos através do plano de desenvolvimento, que clarifica o caminho a seguir. O plano define as orientações para a ação. A necessidade de planificação do desenvolvimento está bem estabelecida. O objetivo do plano é orientar melhor as acções, torná-las operacionais e garantir a sua eficácia.

O desenvolvimento local é um esforço coletivo que requer o apoio e a contribuição de todos os actores que operam a nível local. Para todos estes actores, trata-se de participar na identificação, na preparação e na execução de projectos ou de acções de desenvolvimento nos diferentes sectores da atividade humana.

7.2. Avatares do planeamento centralizado na Costa do Marfim

O anterior planeamento centralizado do desenvolvimento era pesado e impreciso. Os resultados obtidos com este planeamento ficaram sempre aquém das expectativas da população, das autoridades públicas e dos parceiros de desenvolvimento. As desigualdades entre regiões estavam a aumentar. De um modo geral, o planeamento centralizado apresentava as seguintes deficiências

> *Os recursos são desperdiçados porque são mal orientados;*
> *Falta de conhecimento sobre os objectivos dos projectos ou iniciativas de desenvolvimento;*
> *Ordenamento e desenvolvimento do território efectuados de forma arbitrária, subjectiva e questionável;*
> *Falta de estratégias realistas para a gestão de projectos ou acções de desenvolvimento ;*
> *Falta de coordenação das acções para melhorar o bem-estar das pessoas.*

7.3. Visão da equipa de gestão da comunidade

A noção de uma visão para o desenvolvimento local é muito importante. A visão consiste em projetar a comunidade num determinado horizonte temporal. Um dirigente pode dizer: "*Gostaria que a minha coletividade estivesse em tal ou tal nível de desenvolvimento daqui a cinco, dez ou vinte anos*". O autarca responde a esta preocupação procurando proporcionar às pessoas condições de vida e ambientes agradáveis ou decentes. Antes deste eleito, os seus antecessores tinham uma visão para a mesma coletividade. A visão da equipa de gestão é nova.

A visão de toda uma equipa de gestão não é neutra em si mesma. Está fundamentalmente ligada aos valores partilhados pela comunidade. Estes podem incluir o amor do representante eleito pela comunidade, o respeito pelo bem público, a partilha e a solidariedade. A visão é legítima. No entanto, para ser válida, a visão deve ser confrontada com as realidades locais. Uma visão que não se baseia nas realidades da comunidade parece ser um mero exercício intelectual, uma mera visão da mente. Da mesma forma, uma visão que não se baseia no ambiente geral da comunidade é uma mera invenção da imaginação. A visão que os representantes eleitos têm para a sua comunidade não pode ser pensada isoladamente das pessoas que são as partes interessadas no seu desenvolvimento.

Para os conselheiros locais, uma coisa é ter uma visão para a sua comunidade, mesmo a mais clara possível. Outra é transformar essa visão em programas ou projectos de desenvolvimento para responder aos muitos desafios da comunidade. A visão deve guiar todas as pessoas envolvidas. Para isso, deve ser partilhada com todos os membros da equipa, incluindo os empregados, e sobretudo com a população em geral. Cada sector da população deve ter uma compreensão suficientemente clara da visão do eleito ou do dirigente e, sobretudo, apropriar-se dela. Uma visão que não seja apropriada pelas pessoas não trará quaisquer resultados para a comunidade.

7.4. Aplicação da estratégia global do representante eleito

O representante eleito ou o líder de uma autarquia local expõe a sua visão num plano de desenvolvimento estratégico. Trata-se de um esboço geral da forma como pretendem realizar, ou planeiam realizar, as iniciativas de desenvolvimento da sua comunidade. Esta estratégia deve ser apresentada aos outros membros da equipa para que dêem as suas opiniões e contribuições. Deve prevalecer um espírito de colegialidade no seio da equipa. O representante eleito não decide sozinho. Ele toma decisões de forma colegial, com os outros membros da equipa e com os parceiros da comunidade.

7.5. Objectivos estratégicos prioritários

Os objectivos prioritários do plano de desenvolvimento estratégico da comunidade são

> ➢ Reforçar o posicionamento da comunidade a nível nacional e internacional;
> ➢ Melhorar o saber-fazer e o desempenho da comunidade;
> ➢ Melhorar a qualidade dos serviços prestados pela autarquia local ao público;
> ➢ Organizar as pessoas para desenvolver uma cultura de empreendedorismo. Isto significa apoiar os jovens que têm ambições

legítimas de se tornarem grandes, fornecendo-lhes as ferramentas necessárias para concretizarem as suas ambições e sonhos.

7.6. Plano de ação operacional para o desenvolvimento

O plano de ação elaborado pela autarquia local deve incluir os seguintes elementos
- ➤ Programa comunitário ambicioso ;
- ➤ Domínios estratégicos de intervenção :
    - ✓ Reforma do funcionamento administrativo da comunidade ;
    - ✓ Reorganização técnica da comunidade ;
    - ✓ Otimizar o funcionamento interno da autarquia local ;
    - ✓ Remobilização/remotivação dos agentes comunitários ;
    - ✓ Clarificação das responsabilidades (quem faz o quê?) ;
    - ✓ Reforço das capacidades do pessoal-chave da comunidade ;
    - ✓ Reforçar a comunicação interna da autarquia local;
    - ✓ Reforçar a mobilização de recursos financeiros ;
    - ✓ Controlo dos custos das iniciativas ;
    - ✓ Reforço da coordenação das actividades ;
    - ✓ Melhorar o desempenho da comunidade ;
    - ✓ Reforço da gestão da parceria pela comunidade.

O planeamento do desenvolvimento comunitário não é uma moda passageira. É necessário. É de grande importância para a comunidade e os seus residentes, agora e no futuro.

7.7. Qualidade da gestão das autarquias locais

A gestão atual de um grande número de autarquias locais na Costa do Marfim continua a ser bastante fraca, devido à falta de formação ou de reforço das capacidades em matéria de governação. A qualidade da gestão das colectividades locais depende, sobretudo, da partilha de ideias entre o gestor e o seu pessoal. Uma gestão de qualidade permite aos trabalhadores das colectividades locais libertarem as suas energias. Dá-lhes uma sensação de bem-estar e um desejo de trabalhar bem e de se destacarem na sua missão.

Através de uma gestão de qualidade, os conselheiros locais devem tirar o melhor partido de cada membro da sua equipa. Esta capacidade prepara-os para darem o melhor de si próprios no exercício das suas funções.

Parte 3: RUMO AO DESENVOLVIMENTO LOCAL SUSTENTÁVEL

Capítulo 8: Produção urbana e governação

Nas colectividades locais, a cidade e o seu ambiente geral são o resultado da política de desenvolvimento nacional. A cidade continua a ser o recetáculo das acções decorrentes das políticas sectoriais de desenvolvimento. A qualidade da sua produção e da sua governação determina a qualidade de vida que oferece aos seus habitantes e a sua competitividade à escala internacional.

8.1. Falta de controlo sobre o desenvolvimento urbano nacional

8.1.1. Planeamento sem assistência

As cidades da Costa do Marfim estão, na sua maioria, espacialmente numa confusão desconcertante. São uma justaposição de peças chamadas projectos de construção, sem qualquer ligação coerente.

8.1.2. Auto-construção não regulamentada

As cidades da Costa do Marfim sempre foram construídas principalmente por autoconstrutores. Em princípio, as casas são construídas em conformidade com as normas de urbanismo e de arquitetura. Mas as principais regras nem sempre foram respeitadas. Este facto explica as numerosas aberrações que se verificam no terreno.

8.1.3. O desafio da gestão das vias urbanas

A rede rodoviária urbana da Costa do Marfim apresenta duas caraterísticas: a ausência de estradas viáveis nas zonas urbanas e a degradação das estradas existentes devido à erosão.

8.2. Falta de controlo da gestão dos serviços urbanos

A falta de controlo da gestão dos resíduos sólidos urbanos deve-se, em grande parte, à ausência de uma estratégia local e setorial. Esta falta de controlo é caracterizada pela proliferação de todos os tipos de resíduos. Entre estes resíduos, os plásticos são cada vez mais visíveis nas zonas urbanas. Os resíduos plásticos são um recurso urbano que pode ser transformado em pedras de pavimentação (como a Plateforme des Services em Agboville já está a fazer) e outros produtos para proteger o ambiente físico das cidades e aldeias.

8.3. Alguns aspectos da governação urbana

8.3.1. Deficiências estruturais

A análise dos quadros administrativo, institucional, regulamentar e decisório da gestão urbana permitiu chegar às conclusões que se seguem. No que se refere ao quadro administrativo, constata-se que a descentralização da gestão do poder é um processo irreversível. É uma descentralização de cima para baixo, uma descentralização sem meios adequados para as colectividades locais. Caracteriza-se igualmente pela deficiente organização técnica dos assuntos locais, pela necessidade de reforço das capacidades do pessoal das colectividades locais, pela ausência de instituições de formação para os trabalhadores municipais, pela insuficiente mobilização de competências nacionais e pela quase inexistência de participação popular devido à falta de preparação mental da população para participar na gestão dos assuntos locais.

8.3.2. Partilha e gestão das responsabilidades

A participação popular foi durante muito tempo ignorada em muitos projectos. Reconhecida como um elo essencial da gestão urbana, a participação popular ainda não foi desenvolvida na Costa do Marfim. A descentralização continua a apresentar lacunas, nomeadamente no que se refere à partilha e à gestão das responsabilidades e à repartição dos recursos atribuídos às colectividades locais. A questão da transferência de competências do Estado para as colectividades locais, os conflitos interinstitucionais e o financiamento público da descentralização e do desenvolvimento local, incluindo os principais instrumentos desenvolvidos, são aspectos que devem ser abordados.

8.3.3. Quadro institucional insuficientemente operacional

O quadro institucional da gestão urbana foi avaliado. Verificou-se que a gestão urbana é fortemente condicionada pelo nível de funcionamento do quadro institucional global. Baseia-se na diversidade dos actores institucionais e nos objectivos atribuídos a este quadro. No entanto, este quadro é marcado pela instabilidade e pela formação insuficiente dos técnicos locais responsáveis pela sua gestão e funcionamento.

8.3.4. Não cumprimento das regras estabelecidas

Os conflitos de competências que pontuam a vida das instituições locais e que se devem, na sua maioria, ao incumprimento das regras estabelecidas, às mudanças intempestivas de enquadramento institucional e à falta de comunicação entre os actores institucionais foram identificados como factores que afectam profundamente a gestão urbana.

8.3.5. Falta de estratégia de organização e de coordenação

O quadro institucional criado não atingiu ainda um nível de funcionamento que permita lançar as bases de um desenvolvimento local sustentável. Há ainda um certo número de obstáculos a ultrapassar, nomeadamente uma comunicação deficiente, uma organização técnica insuficiente, uma formação insuficiente dos actores, uma ausência de iniciativas de promoção do desenvolvimento humano, dificuldades de mobilização das competências nacionais existentes para a ação local e, sobretudo, uma falta de coordenação das actividades de desenvolvimento. A combinação de todos estes factores impede a mobilização da inteligência, das forças e das energias necessárias para um desenvolvimento local eficaz e sustentável.

8.3.6. Aplicação insuficiente da regulamentação urbanística

O quadro regulamentar da gestão urbana é inadequado, entra em conflito com as práticas locais e é insuficientemente aplicado. A ausência de uma cultura urbana forte reflecte-se na aplicação inadequada da regulamentação urbana. A dificuldade de integrar as actividades económicas da economia informal no espaço urbano e a tendência dos eleitos municipais para protegerem o eleitorado e não o espaço urbano são considerados factores que limitam a aplicação da regulamentação urbana.

8.3.7. Fraco conhecimento científico da cidade

Por último, o quadro de decisão da gestão urbana é caracterizado por um conhecimento científico deficiente da cidade da Costa do Marfim e pela ausência de dados urbanos para a tomada de decisões. O processo de decisão é geralmente enviesado pela ausência ou insuficiência de informações fiáveis, num contexto local em que a produção de estatísticas é insignificante ou inexistente.

8.4. Declaração de Abidjan

No final da reunião de Abidjan sobre as cidades sustentáveis, realizada em 27 e 28 de fevereiro de 2020, os participantes emitiram uma declaração, conhecida como a Declaração de Abidjan. Ao analisar esta declaração, podem ser feitas as seguintes observações:
- É pesado, vago, opaco e até impreciso;
- Faltava-lhe uma base popular, porque os participantes não incluíam os residentes, aqueles que fazem a cidade, que vivem a cidade;
- Os participantes identificaram uma série de domínios de ação;
- Esquecem-se de que as cidades não são idênticas e que cada itinerário terá de ser adaptado às realidades de cada cidade e de cada país;
- Bordeaux ou a cimeira França-África não farão nada pelas cidades africanas, porque não é em França que os seus problemas devem ser colocados e as soluções pensadas. [5]Além disso, Julien Denormandie adverte os governos e os autarcas africanos: "A cidade de amanhã constrói-se com os seus habitantes, que devem ser associados aos processos de decisão, de consulta e de realização dos projectos".

Os eleitos africanos são responsáveis por tudo: estradas, infra-estruturas económicas e diversos equipamentos sociais e comunitários. Os eleitos e os habitantes devem cuidar de todos os espaços da cidade, nomeadamente dos espaços públicos, dos espaços semi-públicos, das estradas abandonadas, dos passeios, das calçadas, etc. Através da sensibilização, os eleitos devem incentivar cada habitante a cuidar de um espaço, nomeadamente o espaço público ou semi-público em frente da sua casa, no seu bairro, no seu distrito.

8.5. Sustentabilidade urbana na Costa do Marfim

8.5.1. Uma mudança de paradigma

---

[55] Julien Denormandie, Ministro francês dos Assuntos Urbanos, no evento de Abidjan, de 27 a 28 de fevereiro, declaração publicada no diário Fraternité Matin de 28 de fevereiro de 2020, página 3.

A experiência de gestão urbana iniciada no princípio dos anos 80 e que se prolongou até ao final dos anos 90 deu lugar, cada vez mais, à governação urbana. Perante todos os problemas que as cidades da Costa do Marfim enfrentam, a tónica será agora colocada na utilização eficaz do que já existe e na qualidade da oferta inclusiva de serviços urbanos à população, com vista a alcançar a eficácia e a sustentabilidade nos domínios político, social, cultural, económico, ambiental, de segurança e outros.

8.5.2. Uma visão holística

A abordagem de governação urbana baseia-se, em primeiro lugar, numa visão holística, sistémica e integrada espacial e estrategicamente das acções a empreender. Em segundo lugar, procura assegurar a eficácia das acções, optimizando os custos e maximizando os resultados. Preconiza também o reexame ou a reconfiguração dos modos de acesso aos serviços urbanos, a necessidade de coesão social, uma maior participação dos cidadãos e a integração estratégica das acções.

O resultado final da abordagem de governação urbana é proporcionar aos cidadãos os meios para uma vida boa. A preocupação das colectividades locais é criar todas as condições necessárias para satisfazer as necessidades essenciais dos cidadãos.

8.5.3. Uma abordagem pluridisciplinar

Os peritos do Banco Mundial (1991) afirmam: "Na maioria dos países, a cidade tornou-se o centro da inovação económica e social, da cultura e do poder político. [6]As perspectivas de um novo crescimento urbano tornam ainda mais urgente a necessidade de melhorar a produtividade e a gestão das cidades". A boa governação urbana é um desafio importante para o desenvolvimento social e económico das nações. Pode abrir o caminho para um progresso social e económico real e duradouro.

A governação urbana visa mobilizar e otimizar eficazmente a participação dos actores políticos, dos grupos de interesses sociais e económicos e das instituições que procuram realizar projectos urbanos, a fim de planear e desenvolver as zonas urbanas de forma sustentável. A governação urbana apela também à noção de procura de resultados e à sustentabilidade desses resultados ao longo do tempo. Está no centro do desenvolvimento urbano sustentável.

O desenvolvimento urbano sustentável pode significar a estabilidade do quadro institucional, a fiabilidade dos processos, a durabilidade ou sustentabilidade dos resultados das acções realizadas em termos de ambiente, a acessibilidade aos recursos financeiros ou a extensão do emprego ou das actividades económicas geradoras de rendimentos para reduzir a pobreza. Significa também o bom desempenho dos serviços e equipamentos urbanos e a boa qualidade dos resultados obtidos, através de uma boa governação urbana.

---

[6] **BANCO MUNDIAL.** *Urban policy and economic development: an agenda for the 1990s.* World Bank Policy Paper, 1991, Washington, p. 23.

Com a abordagem de governação urbana, os conselheiros municipais têm um papel de liderança no desenvolvimento sustentável de toda a cidade, a fim de enfrentar todos os problemas com que esta se depara, sem exceção. O seu trabalho consiste em coordenar as acções e negociar com os diferentes actores para formar uma verdadeira coligação contra os problemas das cidades. Em suma, o paradigma da boa governação urbana diz agora respeito a regras e mecanismos preparados e utilizados de forma eficaz, inteligente e coerente por todos os actores, nomeadamente com uma forte participação popular. Deste modo, percebida e organizada, a boa governação urbana deve permitir obter resultados convincentes e duradouros.

8.6. Otimização da abordagem de governação urbana

8.6.1. Objectivos claramente definidos
A abordagem da governação urbana define as condições essenciais para um desenvolvimento urbano bem sucedido, para um espaço onde a vida é agradável. Permite definir uma política urbana moderna e integrada que oferece aos cidadãos um vasto leque de oportunidades. Baseia-se em objectivos de desenvolvimento definidos de forma clara e consensual e numa abordagem transparente da atividade, baseada numa clara divisão de responsabilidades. Uma cidade bem governada do ponto de vista político, administrativo, técnico, ambiental e financeiro tem uma influência positiva e definitiva nas condições de vida dos seus habitantes.

A governação urbana só pode ser optimizada se determinadas condições forem previamente estabelecidas. Estas condições incluem aspectos políticos, sociais, institucionais, culturais, económicos, ambientais e de segurança. É em torno destes diferentes aspectos que ela se constrói.

8.6.2. Forte empenhamento político
Para produzir os resultados esperados, a governação urbana exige um forte empenhamento de todos os intervenientes. A ausência de tal empenhamento cria condições para o fracasso e o desenvolvimento. O empenhamento de cada ator ou grupo de actores é essencial. Deve ser um empenhamento total, do princípio ao fim, em todos os processos envolvidos. O objetivo não é obrigar cada jogador ou grupo de jogadores a assumir responsabilidades, mas sim fazê-los tomar consciência delas e empenharem-se livremente, com firmeza e a longo prazo.

8.6.3. Mobilização das partes interessadas
O compromisso ou a vontade dos actores comunitários de trabalharem para uma boa governação urbana é um passo importante. Mas não é suficiente, porque não garante nada. Deve ser acompanhado de uma mobilização incessante dos actores. A questão da mobilização está longe de ser simples. É mesmo difícil de conseguir, devido a preconceitos, parcialidades e contextos, alguns dos quais não são necessariamente favoráveis. Por conseguinte, podem ser desenvolvidas estratégias adequadas para assegurar

eficazmente esta mobilização, que é simultaneamente ideológica, política, social e económica.

8.6.4. Qualidade do conhecimento urbano

A abordagem da governação urbana baseia-se no princípio de que a formulação de políticas, programas e projectos de desenvolvimento urbano depende intrinsecamente da existência de dados fiáveis e actualizados. A melhoria do conhecimento urbano pode ser conseguida por antecipação, através da investigação ou de estudos prospectivos.

8.6.5. Qualidade dos serviços urbanos

As populações urbanas exigem cada vez mais serviços públicos de qualidade. A abordagem da governação urbana, que se preocupa com o bom funcionamento de serviços como a segurança, os transportes ou os mercados, coloca uma tónica especial nas medidas a adotar para permitir que os serviços municipais ou os concessionários desempenhem corretamente o seu papel. A partir de agora, a procura da qualidade dos serviços urbanos oferecidos à população é um objetivo prioritário para os fornecedores. [7]Para alcançar esta sustentabilidade, as autoridades centrais e locais devem trabalhar, cada uma no seu domínio, no sentido da "*implementação programada e integrada das infra-estruturas, da sua exploração e manutenção*" [UN-HABITAT, 2012] .

Em matéria de segurança urbana, por exemplo, os responsáveis políticos, administrativos e municipais devem trabalhar para melhorar os indicadores de segurança. Estes indicadores podem ser resumidos como a possibilidade de os habitantes circularem livremente nos seus bairros e cidades, de relaxarem nos espaços públicos ou nas zonas arborizadas, de andarem e circularem livremente nos passeios, sem correrem o risco de serem atropelados por automobilistas imprudentes.

Significa também que os habitantes podem alertar a polícia em caso de ataque e receber uma resposta num prazo razoável. Em suma, para que a sustentabilidade urbana seja efetivamente alcançada, tudo deve ser feito para que essa qualidade seja atingida. Neste sentido, seria possível desenvolver parcerias com os sectores público e privado com o objetivo de melhorar a qualidade da prestação de serviços.

8.6.6. Manutenção de activos

A conservação e a manutenção do património urbano é uma questão que nem sempre esteve presente nas políticas urbanas da Costa do Marfim. Atualmente, com a abordagem de governança urbana, a proteção e a manutenção do património urbano ocupam um lugar de destaque, nomeadamente através da programação, construção, exploração e manutenção de infra-estruturas (equipamentos de infra-estruturas e de super-estruturas) pelas autoridades públicas, tudo isto com base num mecanismo de financiamento eficaz e sustentável no âmbito, por exemplo, das parcerias público-privadas (PPP). Ao mesmo tempo, é necessário promover um novo tipo

---

[7] State of the world's cities 2012/2013- Prospirity of Cities, UN-HABITAT, Nairobi, 2012, 151 páginas.

de cidadão, disciplinado e consciente da necessidade de uma boa gestão do nosso património urbano comum.

8.6.7 Governação territorial responsável

A governação territorial urbana responsável é defendida por todos. Exige uma tomada de consciência "responsável" por parte de todos os intervenientes ou utilizadores do ambiente urbano para o manter num estado de limpeza satisfatório. Este objetivo pode ser alcançado na Costa do Marfim através de :
- i) promover um modo de produção urbana e de ordenamento do território compatível com o longo prazo (gerações futuras) e que coloque verdadeiramente os habitantes no centro da ação;
- ii) coerência entre as diferentes componentes físicas para assegurar o funcionamento harmonioso e ótimo da zona urbana, nomeadamente permitindo que cada entidade espacial da cidade desempenhe as suas funções vitais e assegurando a mobilidade fluida de todas as populações de uma componente para outra;
- iii) controlo da governação do território, combatendo a desordem da sua expansão e ocupação pela população, desde que todos compreendam a importância e o alcance de um espaço urbano saudável.

8.6.8. Preparar o futuro urbano comum

O futuro urbano da Costa do Marfim está a ser criado ou tecido a partir do tecido urbano atual. O futuro urbano ou o estado futuro da comunidade urbana não é um dado adquirido. Será o resultado ou a combinação de todas as acções que são planeadas, programadas e realizadas, desde agora até ao horizonte temporal escolhido.

A preparação para o futuro baseia-se na previsão. Exige também a adoção de mecanismos ou abordagens estratégicas em cada área de atividade urbana, com, naturalmente, a utilização ou aplicação das tecnologias da informação e da governação eletrónica a todos os aspectos da gestão municipal para uma prestação de serviços diligente, eficiente e rentável.

Hoje em dia, não é exagero dizer que a maior parte das cidades da Costa do Marfim apresenta deficiências em termos de políticas de planeamento, produção, organização e governação. Existe uma falta geral de reflexão global sobre as cidades da Costa do Marfim. Neste contexto, a sua produção não segue um quadro coerente. Para a governação da cidade da Costa do Marfim, os poderes públicos ainda não foram capazes de mobilizar recursos humanos e financeiros. A este quadro relativamente sombrio, há que acrescentar a gestão aproximada do domínio urbano. Em suma, a cidade da Costa do Marfim enfrenta ainda muitos desafios.

Capítulo 9: Mudança para o desenvolvimento local

A Costa do Marfim está a mudar. A mudança é vista através das mutações que ocorrem a nível político, social, demográfico, cultural, económico, ambiental, climático e outros. Face a estas mudanças, é necessário preparar os actores políticos e os gestores das colectividades locais para propor novas visões, desenvolver novas capacidades, novas abordagens de intervenção, nova governança, novas estratégias e propor novos comportamentos.

9.1. Nomes das autoridades locais

A questão do desenvolvimento local ou de base local na Costa do Marfim foi sempre caracterizada por mudanças de nomes ou de limites das colectividades locais por razões políticas ou partidárias. Este facto conduziu a uma certa instabilidade administrativa na gestão destas colectividades locais. Esta instabilidade impediu que o desenvolvimento se efectuasse numa base administrativa realista.

Não nos queremos alongar sobre as razões subjacentes a estas mudanças de designação nem sobre as consequências destas mudanças ou divisões no funcionamento das autarquias locais. Em todos os casos, a divisão intempestiva dos territórios das autarquias locais exige um reajustamento às realidades locais, nomeadamente em termos políticos, humanos e económicos. Por exemplo, há a questão da acessibilidade física de certas colectividades locais em resultado de uma redistribuição administrativa sem justificação objetiva. Há também frustrações, e mesmo descontentamentos, sentidos mas contidos por uma grande parte da população, pelo facto de ser obrigada a pertencer a uma nova entidade administrativa. As pessoas têm dificuldade em identificar-se com esta nova entidade administrativa.

Perante esta situação, as populações locais são unânimes na sua exigência de uma maior estabilidade do panorama administrativo local. Para as populações locais, as preocupações administrativas resultantes de uma divisão caprichosa do seu território são, na realidade, um travão psicológico à sua participação no desenvolvimento local. A estabilidade dos territórios das colectividades locais poderia facilitar a realização de grandes projectos de infra-estruturas e de equipamentos, permitindo-lhes assim iniciar o desenvolvimento.

9.2. Reforçar o atual papel dos representantes eleitos locais

O cargo de presidente de câmara, por exemplo, pouco se alterou na Costa do Marfim entre 1980 e a atualidade. Manteve-se praticamente estático durante este período. Todas as funções evoluem com o tempo, à medida que a sociedade humana local evolui. Ao longo dos anos, as colectividades locais evoluíram ou, pelo menos, sofreram alterações mais ou menos profundas, nomeadamente em termos políticos, demográficos, espaciais, socioculturais, ambientais e económicos.

O papel do conselheiro local é liderar os programas e projectos de desenvolvimento da comunidade. Existe um desfasamento evidente entre o papel do presidente da câmara e a evolução da instituição municipal, nomeadamente em termos de assunção de novas responsabilidades. Os presidentes de câmara da Costa do Marfim pedem aos poderes públicos que aumentem os seus subsídios, atualmente considerados irrisórios, para um milhão de francos CFA. Para os municípios de grande e média dimensão, é possível conceder este subsídio aos presidentes de câmara. Mas para as pequenas comunas com orçamentos modestos, é pouco provável que tal subsídio seja concedido. A menos que os poderes públicos decidam conceder um subsídio mínimo de subsistência aos presidentes de câmara das pequenas comunas.

9.3. Conflitos de competência entre diretores e representantes eleitos

Na Costa do Marfim, a introdução da descentralização para o desenvolvimento local deixa ainda muito espaço para a administração desconcentrada e os serviços desconcentrados do Estado. O seu papel consiste em servir de interface entre a administração ou a autoridade central e as colectividades locais. No exercício desta função, a administração central e os serviços descentralizados devem fornecer aos gestores das colectividades locais apoio e, sobretudo, orientação estratégica para assegurar uma melhor compreensão e, sobretudo, uma utilização optimizada dos instrumentos de planeamento, de gestão administrativa, técnica e financeira.

Para os representantes das colectividades locais recentemente eleitos, o domínio dos procedimentos, métodos e técnicas de planificação, programação e orçamentação, à luz das disposições legais e regulamentares, é uma condição essencial para o exercício do seu mandato. Sem estes conhecimentos, é praticamente impossível aos eleitos gerirem eficazmente projectos ou iniciativas de desenvolvimento nas suas comunidades. Atualmente, continuam a existir conflitos de competências entre as várias entidades, devido à falta de clarificação de aspectos relacionados com a transferência de competências.

Na Costa do Marfim, a condução das acções de desenvolvimento pelas colectividades locais é dificultada pela persistência destes conflitos de jurisdição. Estes conflitos dizem respeito, entre outras coisas, à construção de loteamentos, nomeadamente nas aldeias que não estão situadas numa zona comunal. Mesmo nas aldeias comunais, os conflitos são evidentes, pois os loteamentos geram parcelas de terra e, por conseguinte, recursos financeiros. Os conflitos de jurisdição surgem também quando as entidades são representadas em cerimónias oficiais. Perante estas situações, os poderes públicos devem ser instados a clarificar os papéis e as responsabilidades de todos os intervenientes a nível local.

9.4. Clarificação do estatuto dos trabalhadores das autarquias locais

Para o exercício das actividades das autarquias locais, foi adotado pela autoridade de tutela um quadro de emprego bastante rígido. Os eleitos locais devem respeitar este quadro. Esta rigidez deixa-lhes pouca margem de manobra em matéria de recrutamento.

A mobilidade do pessoal das colectividades territoriais continua a ser um problema que deve ser clarificado. Nas câmaras municipais e nos conselhos regionais, os agentes mais afectados por esta mobilidade são os chefes dos serviços técnicos. Alguns deles saem devido às incompatibilidades que surgem entre o eleito e o técnico. Isto cria um clima pouco saudável que impede uma colaboração estreita e franca. O técnico tem então de pedir uma transferência para prosseguir a sua carreira noutra autarquia local. Os autarcas justificam geralmente a sua decisão de despedir um técnico com base na insubordinação.

9.5. Falta de um quadro de reflexão

Na Costa do Marfim, as colectividades locais não dispõem, ou não estão equipadas, com um quadro de reflexão estratégica para assegurar o seu bom funcionamento. Na maioria dos casos, os eleitos e o seu pessoal contentam-se em gerir o quotidiano ou a rotina. É só isso que fazem. *"Veja você mesmo as pilhas de documentos.* [8]*Sou o único que os analisa"*, disse-nos Ruffin Pouho, então chefe dos serviços técnicos da Câmara Municipal de Daloa, em 2017. A visão de documentos empilhados uns sobre os outros em cima de mesas é suficiente para nos convencer da impossibilidade de organizar o pensamento estratégico no seio da equipa técnica.

De notar também que os serviços técnicos municipais têm um responsável superior (geralmente um engenheiro projetista de obras públicas para as grandes câmaras municipais, nomeadamente as capitais regionais, um engenheiro técnico de obras públicas para as capitais de departamento ou um técnico superior para as pequenas cidades). Em quase todas as colectividades locais da Costa do Marfim, não existe outro técnico com o mesmo nível de formação. Esta é uma das principais desvantagens dos serviços técnicos municipais na Costa do Marfim. Esta situação torna impossível a criação de um grupo de reflexão para otimizar o funcionamento destes serviços.

Perante a fraqueza dos serviços municipais no cumprimento das suas responsabilidades, estão a surgir iniciativas comunitárias. Estas tentam compensar esta fraqueza através da prestação de vários serviços. Estes serviços são prestados diretamente aos habitantes locais por conta da administração municipal. Em princípio, os prestadores de serviços são pagos pela autarquia local, que é legalmente responsável pela prestação destes diferentes serviços à população local. Em certos casos, os prestadores de serviços são pagos pelos habitantes locais, que são os beneficiários diretos dos serviços.

9.6. Controlo inadequado da gestão das terras

O controlo da gestão do território, tanto nas zonas urbanas como nas zonas rurais, reveste-se de uma importância estratégica para as comunidades. A terra é o seu principal meio de sobrevivência. É por isso que as comunidades

---

[8] Ver data nas minhas notas sobre Daloa.

estão tão empenhadas em defender a sua terra. A terra é a sua vida e continua a ser uma preocupação essencial. A gestão da terra na Costa do Marfim caracteriza-se pelos seguintes aspectos

> Os conflitos fundiários estão a aumentar, uma vez que vários actores sociais e económicos competem pela terra nas comunidades locais. Nesta luta pelo controlo da terra, nem todos os intervenientes utilizam os mesmos meios jurídicos;
> Lentidão na entrega de documentos administrativos pelos serviços competentes (falta de celeridade);
> Atrasos no tratamento dos litígios por parte da administração devido à diversidade e complexidade das situações;
> Má circulação interna da informação. Existem casos de retenção voluntária de informações por parte de certos agentes administrativos por razões pessoais e não necessariamente admitidas. A retenção de informações constitui um abuso de poder por parte do funcionário que a efectua;
> Conflitos de competência entre os profissionais do sector fundiário, alguns dos quais têm comportamentos que não respeitam a regulamentação em vigor, geralmente em nome de interesses corporativos.

9.7 Gestão ineficaz do património urbano

Em todo o país, os bairros urbanos e as aldeias estão desarticulados e desarrumados. Esta desordem é espantosa. Tem vindo a acumular-se ao longo de décadas, à vista dos poderes públicos e das instituições estabelecidas, por vezes com o seu acordo ou cumplicidade. Todos estão conscientes do impacto de um ato administrativo ilegal. Mas ninguém se preocupa verdadeiramente com isso.

Neste contexto, a auto-construção, principal modo de produção do espaço urbano na Costa do Marfim, não foi apoiada pelos poderes públicos e suas agências. O incumprimento das regras de construção, mesmo as mais elementares, era flagrante. Esta atitude foi encorajada pelo laxismo e pelo laissez-faire das autoridades públicas centrais e locais. Os efeitos desta auto-construção sem assistência são desastrosos para o domínio público.

A administração pública, semi-pública ou descentralizada não foi capaz de se implantar, de forma adequada, no território nacional para dirigir ou apoiar a construção de cidades e aldeias. Esta situação explica em grande parte a má imagem das zonas urbanas na Costa do Marfim.

9.8. Avaliação do desempenho comunitário

A avaliação do desempenho das autoridades locais é uma necessidade. Representa um desafio estratégico. Cria condições de emulação e de progresso entre as colectividades locais do país. Permite-lhes, nomeadamente, saber que estão em concorrência umas com as outras e que devem dar o seu melhor. Por último, as organizações internacionais que apoiam o desenvolvimento local sabem com que colectividades locais podem trabalhar.

A avaliação do desempenho das autarquias locais é uma atividade que exige vontade política a montante. É a vontade política que define as regras do jogo, nomeadamente os objectivos da avaliação. Atualmente, esta vontade política não existe.

A escolha do avaliador é também muito importante. Este deve ser independente. O âmbito da avaliação, os métodos de avaliação, os indicadores de avaliação, a organização prática da avaliação e a utilização final dos produtos da avaliação são aspectos que devem ser clarificados.

9.9 Integração socioprofissional dos jovens

Nas colectividades locais da Costa do Marfim, os jovens (entre os 15 e os 35 anos) representam 60% da população (RGPH 2014). O emprego dos jovens é uma questão preocupante. É certamente um dos principais desafios das colectividades locais. Atualmente, a empregabilidade está no centro do debate a nível local. O conceito de empregabilidade pode ser entendido como a possibilidade de um jovem licenciado aceder a um emprego de acordo com as suas qualificações. Isto levanta a questão da correspondência entre formação e emprego. Levanta igualmente questões sobre os programas de estudos utilizados nos estabelecimentos de formação.

Além disso, o acesso ao emprego estende-se ao autoemprego, ou seja, à capacidade dos diplomados de criarem as suas próprias empresas. O autoemprego não é apenas da responsabilidade das escolas e dos estabelecimentos de formação. A família ou o agregado familiar, por exemplo, deve desempenhar um papel ativo. Do mesmo modo, as organizações religiosas e as organizações não governamentais têm a sua quota-parte de responsabilidade no aparecimento de uma geração de jovens empresários ambiciosos, sérios, conscienciosos e trabalhadores, que não confundam o capital com os benefícios da sua atividade.

A identificação de potencialidades ou oportunidades de emprego ou de integração social e económica, nomeadamente para os jovens e as mulheres, é uma atividade que deve ser tida em conta. Deve ser objeto da máxima atenção. A questão do emprego ou do autoemprego para os jovens deve ser analisada ao longo de todo o seu percurso escolar ou universitário, até ao momento em que se formam. É necessário associar de forma inteligente o ensino e a aprendizagem, nomeadamente através de cursos em sanduíche. O ensino e a aprendizagem em empresa devem ser efectuados em simultâneo. Este exame determinará se o diplomado é capaz de trabalhar por conta própria.

A formação dos jovens na criação e gestão de actividades geradoras de rendimento (gestão administrativa, gestão técnica, gestão financeira) é uma atividade igualmente importante. As colectividades locais devem dar prioridade a esta questão.

Capítulo 10: A universidade ao serviço do desenvolvimento local

Durante a campanha para as eleições autárquicas, ouvi a rádio, vi televisão e li o que muitos dos candidatos tinham a dizer nos jornais. Todos falavam do desenvolvimento das suas comunidades e regiões. O que mais me surpreendeu foi o facto de nenhum deles, nas regiões que as têm, ter mencionado o contributo que a universidade local pode dar para o desenvolvimento e o progresso da comuna ou da região. Achei anormal que os candidatos às eleições autárquicas ignorassem as universidades e o papel que podem desempenhar na formulação e aplicação de políticas, programas ou projectos de desenvolvimento regional ou local.

10.1. Universidade: um ator-chave do desenvolvimento local

Reflectindo sobre esta constatação, coloquei a mim próprio a seguinte questão: "*Será que a culpa é mesmo dos candidatos às eleições autárquicas?* Coloquei uma hipótese e disse para mim próprio: "*A culpa é certamente da universidade ou das universidades que não conseguiram deixar a sua marca localmente, para além do ensino ministrado aos estudantes, às crianças das regiões e da Costa do Marfim*".

O facto é que as universidades não têm conseguido impor-se aos decisores nacionais e locais como actores-chave quando se trata de tomar decisões sobre políticas, programas e projectos de desenvolvimento local. "*O que é que se deve fazer?* A única coisa a ter em conta é que a universidade, onde quer que se encontre, deve ser considerada como um ator-chave do desenvolvimento local.

10.2. O papel da universidade

A principal missão da universidade, ou de qualquer universidade, é formar gestores especializados no desenvolvimento local, rural e comunitário. Mais especificamente, ela deve :

✓ *Ensino, atribuição de diplomas, graus e títulos*

Uma das principais funções de uma universidade, ou de qualquer universidade, é ministrar o ensino em diferentes disciplinas, atribuir diplomas aos estudantes dos vários ciclos e conferir graus e títulos a professores e investigadores.

✓ *Produzir conhecimentos científicos.*

Os académicos falam de produção científica. A produção científica é um processo. A investigação científica ou a atividade de investigação científica começa no ponto A e termina no ponto F. Entre os dois pontos, há uma multiplicidade de perguntas ou questões a que o investigador ou a equipa de investigadores têm de responder. Quando falamos de investigação científica, há, evidentemente, políticas, programas e projectos de investigação. Há também equipas de investigação a criar, recursos técnicos a mobilizar para a investigação científica (nomeadamente laboratórios equipados), recursos financeiros e metodologias de investigação. O objetivo dos projectos e das actividades de investigação é informar os decisores e os parceiros de desenvolvimento sobre os problemas que se colocam a um país ou a uma região.

Uma boa compreensão dos problemas através da investigação fornece aos decisores a informação objetiva de que necessitam para tomar decisões. O que guia o investigador ou a equipa de investigadores é, acima de tudo, a procura de informação científica de qualidade.

A investigação científica produz resultados ou produtos. São os resultados ou produtos da investigação que alimentam o conteúdo do ensino ministrado.

✓ *Divulgação dos conhecimentos científicos*

Para a universidade, não se trata de produzir conhecimento pelo simples facto de produzir conhecimento. Trata-se de produzir conhecimentos ou informações científicas para responder às questões que se colocam a uma região ou a uma nação. A informação ou o conhecimento científico, na medida em que facilita a tomada de decisões, deve ser acessível a todos os que o solicitem. Fala-se em democratizar a utilização da informação científica. Onde é ou pode ser divulgada a informação científica? De um modo geral, a informação científica é divulgada a dois níveis principais:

➢ **Na** universidade

Esta divulgação pode ser efectuada através do intercâmbio de relatórios ou documentos científicos entre departamentos, centros ou institutos de investigação ou laboratórios. Pode também ser efectuada através da apresentação dos frutos ou produtos do trabalho de investigação em seminários organizados no local.

Em 1994, fui estudar o ambiente para uma pequena universidade em Inglaterra. Tinha pouco mais de 8.000 alunos. Atualmente, tem mais de 20.000, de acordo com informações recolhidas no sítio Web da universidade. Louborough tem uma população de cerca de 60.000 habitantes. É uma pequena cidade industrial situada a cerca de trinta quilómetros de Leicester, a grande cidade e capital da região de Leicestershire. Antigamente, chamava-se Universidade de Tecnologia. O que encontrei na Universidade de Lougborough foi que praticamente todos os dias havia uma conferência num qualquer departamento ou instituto. Professores, investigadores e estudantes eram convidados por cartazes ou pela rádio local (a universidade tem a sua própria estação de rádio local) a participar nestas conferências. Havia uma atividade científica real, genuína e constante na universidade. Fiquei profundamente impressionado com a falta de atividade científica na Universidade Félix

Houphouët-Boigny. Não há actividades de investigação, devido à falta de financiamento para a investigação.

A atividade científica no seio de uma universidade é mais intensa onde a investigação científica é financiada e onde as equipas de investigação estão constantemente a trabalhar. Nestas condições, há sempre informação científica a divulgar e a partilhar.

> **Fora da Universidade.**

✓ A informação científica pode também ser difundida entre a universidade da região e outras universidades da Costa do Marfim e do estrangeiro. Uma universidade não pode viver isolada. No seu funcionamento, deve estar em contacto com outras universidades fora da região.

✓ A informação científica pode também ser divulgada entre a universidade e a indústria ou as empresas locais. A razão pela qual este tipo de intercâmbio não se verifica atualmente é que os industriais não participam na definição dos programas de investigação ou no financiamento da investigação, por exemplo. De facto, não são convidados pelas universidades. No futuro, se a indústria local preencher esta condição, será necessariamente associada de perto à definição dos programas de investigação e de formação. Em análise, constatamos que existe uma falta de entendimento entre o mundo académico e a indústria. A realidade é que o próprio tecido industrial da região não está suficientemente desenvolvido. De facto, está ainda na sua infância. Por conseguinte, não existe ainda uma procura de informação científica.

✓ A informação científica pode ser difundida entre a universidade e a comunidade humana da região no seu conjunto. A universidade deve estar aberta ao conjunto da sociedade local. Cada cidadão, cada organização da sociedade, cada instituição pública ou privada pode recorrer à universidade para satisfazer uma necessidade específica de conhecimentos, com o objetivo de facilitar a tomada de decisões. É a democratização da utilização da informação científica. Através da divulgação ou da transmissão de informações ao público, os cidadãos podem ser sensibilizados para o facto de a universidade estar à sua disposição.

10.3. <u>Alguns requisitos de desenvolvimento local</u>

O desenvolvimento local tem uma série de requisitos, três (3) dos quais são descritos abaixo:

✓ *Organização de base rigorosa*

Para que o desenvolvimento local seja real, eficaz e sustentável, deve basear-se numa organização rigorosa das actividades. Esta organização, por sua vez, deve basear-se num método ou abordagem com objectivos claros e numa estratégia eficaz de gestão dos programas ou projectos de desenvolvimento.

✓ *Liderança esclarecida*

O desenvolvimento local exige incontestavelmente uma liderança. Antes de ser um assunto de toda a comunidade, o desenvolvimento local deve ser imaginado e pensado por um ou mais líderes. Onde há um ou mais bons líderes, o desenvolvimento local é bem conduzido. A ausência de uma liderança esclarecida pode impedir o arranque da economia de uma região, mesmo que os recursos estejam disponíveis e até sejam abundantes.

✓ *Melhor conhecimento das realidades locais*

A gestão do desenvolvimento de uma localidade ou de uma região exige um conhecimento muito bom das realidades locais ou regionais. Estas realidades devem ser conhecidas em pormenor.

10.4. Preocupações com o desenvolvimento sustentável local

O desenvolvimento local sustentável é um desenvolvimento que oferece soluções para uma vida melhor não só para as gerações actuais, mas também para as gerações futuras. Baseia-se, portanto, nas dimensões sociocultural, económica e ambiental ou ecológica.

✓ *Preocupações sociais e culturais*

É essencial ter em conta as preocupações socioculturais da região. O desenvolvimento local sustentável coloca as pessoas no centro das suas acções.

✓ *Preocupações económicas*

É igualmente essencial ter em conta as preocupações económicas. O desenvolvimento local sustentável baseia-se em actividades económicas a longo prazo.

✓ *Preocupações ambientais*

É essencial ter em conta as preocupações ambientais ou ecológicas. O desenvolvimento local sustentável coloca o ambiente ou a ecologia no centro das suas acções.

10.5. A contribuição da universidade para o desenvolvimento local

✓ **Formação inicial e contínua de gestores e técnicos**

➢ A formação inicial dos quadros e dos técnicos necessários à economia local (indústria, energia, agricultura, comércio, serviços). A questão da correspondência entre formação e emprego (ou empregabilidade) é omnipresente. A responsabilidade dos sectores público e privado está comprometida. O sector privado deve participar na definição dos programas de estudos, indicando os perfis que são ou serão exigidos pela indústria local.

➢ Proporciona formação contínua a gestores e técnicos, dando aos trabalhadores de vários sectores a oportunidade de regressar à universidade para melhorar as suas capacidades operacionais através da aquisição de novos conhecimentos. Estes programas devem ser adaptados não só às necessidades dos trabalhadores do sector público, mas também aos do sector privado e mesmo aos do voluntariado. Estes programas deveriam ser aplicados de forma flexível, sob a forma de cursos noturnos.

✓ **Conhecimento das realidades locais**

É necessário efetuar uma série de estudos para evidenciar as caraterísticas essenciais do território. Trata-se de fazer um retrato das realidades naturais, políticas, sociais, culturais, económicas e ambientais do território. Os eleitos locais devem ter em conta que a formulação das políticas sectoriais, dos programas e dos projectos de desenvolvimento deve basear-se no conhecimento intrínseco das realidades do território.

10.6 A contribuição da universidade para o desenvolvimento local

✓ *Produzir pensamento estratégico e prospetivo*
Qualquer política, programa ou projeto de desenvolvimento local deve ser apoiado por uma reflexão estratégica e prospetiva, que forneça aos decisores locais informações objectivas que os ajudem a tomar decisões. Esta análise estratégica e prospetiva deve ser contínua e holística, ou seja, deve abranger todos os problemas da região. Pode ser efectuada por peritos da universidade local ou por consultores independentes.

✓ *Trabalhar em sinergia com a indústria local*
A universidade local deve estar ao serviço da comunidade industrial local. Através da sua presença, e em função da sua vocação, pode contribuir para atrair os industriais para a região. Para o efeito, a universidade deve adaptar os seus cursos às necessidades da indústria local. É necessário que haja uma verdadeira sinergia entre a atividade industrial local, por um lado, e a atividade científica, o ensino e a formação, por outro. A indústria local e a universidade local devem trabalhar em conjunto, ou seja, em

sinergia. Têm de aprender a trabalhar e a ganhar em conjunto. É uma combinação que pode fazer com que toda a região ganhe. Temos absolutamente de o experimentar.

✓ *Trabalhar com franqueza e confiança*

Os dirigentes das autarquias locais devem trabalhar com os cientistas e peritos da universidade local num espírito de abertura e confiança. Todas as acções a iniciar por ambas as partes devem basear-se nesta abertura e confiança. A solidariedade e a sustentabilidade da cooperação com as autoridades locais, por exemplo, devem basear-se na verdade e na confiança.

✓ *Trabalhar com equipas multidisciplinares*

O desenvolvimento é um todo. Tem várias dimensões. Para cobrir todas estas dimensões, a universidade local deve oferecer equipas multidisciplinares, empenhadas e competitivas.

✓ *Trabalhar em conjunto com humildade*

As autoridades locais e a universidade local precisam de trabalhar em conjunto para enfrentar os muitos desafios que a região enfrenta. Esta cooperação só pode ser conseguida com humildade. A humildade garante o sucesso de qualquer iniciativa de cooperação com cientistas e peritos da universidade local.

✓ *Trabalhar na preparação dos documentos do projeto*

A preparação dos documentos de projeto é uma tarefa essencial para as autoridades locais na gestão da sua cooperação ou parceria. Os documentos de projeto das autarquias locais devem ser tecnicamente bem preparados, sólidos e financiáveis. A credibilidade das autoridades locais depende da qualidade dos documentos de projeto que apresentam aos parceiros reais ou potenciais.

Costuma dizer-se que o dinheiro está em todo o lado. O que falta ou não existe, na maior parte das vezes, são documentos de projeto bem preparados que satisfaçam os requisitos de qualidade das organizações ou agências de financiamento do desenvolvimento.

Além disso, os conselheiros locais são convidados a nunca se encontrarem com uma organização sem terem em mãos um documento de projeto. Em 1989, durante uma formação em Bruxelas (Bélgica), um perito das Nações Unidas (Habitat Nairobi), de nome Nicolas You, veio dar-nos uma conferência. Disse-nos: "*A maioria dos africanos vai a fóruns, colóquios e afins, de mãos vazias, enquanto outros vão com documentos de projeto bem preparados*". Em 2020, um eleito local não pode ir ao encontro de responsáveis de organizações nacionais, sub-regionais ou internacionais com uma simples lista de projectos, como alguns tendem a fazer. Não se pode fazer nada com uma lista de projectos.

A presença de uma universidade ou de universidades numa região é uma oportunidade que deve ser aproveitada para liderar a reflexão estratégica, a organização e a realização de actividades destinadas a lançar as bases de um desenvolvimento local sustentável. A universidade deve estar ao serviço das colectividades locais da região.

Capítulo 11: Formação e reforço das capacidades

Em todos os sectores da atividade económica, a formação de homens e mulheres é a melhor forma de promover o progresso. Isto é particularmente verdadeiro para as autarquias locais e regionais. É, pois, evidente que a formação e o reforço das capacidades dos actores do poder local devem ser objeto de uma atenção constante.

11.1. Nenhuma formação é excessiva

No âmbito das actividades da Université des Collectivités d'Abidjan, foram organizadas sessões de formação, geralmente de três dias, sobre diferentes temas ligados ao desenvolvimento local. Os conselheiros municipais foram formalmente convidados a participar nestas acções de formação. No entanto, estes últimos quase nunca compareciam a estas acções de formação. Na maior parte das vezes, preferiam ser representados por funcionários nestas sessões. Trata-se de um erro grave por parte dos conselheiros municipais, que não aproveitaram as oportunidades que lhes foram oferecidas para reforçar a sua capacidade de gestão e de coordenação das actividades da sua autarquia. As sessões de formação foram sempre orientadas por peritos nacionais de alto nível sobre os diferentes aspectos da governação local. No entanto, as sessões de formação e de reforço das capacidades não são oferecidas em permanência devido a problemas de financiamento.

A atitude dos presidentes de câmara explica-se por uma falta de humildade. A maior parte deles acredita, erradamente, que sabe tudo o que há para saber sobre a gestão de uma administração municipal. Uma ação de formação ou de reforço das capacidades nunca é demais. Permite sempre aos participantes aumentar ou melhorar a sua capacidade de compreender, gerir e coordenar as actividades durante o seu mandato.

11.2. A necessidade de formação e de reforço das capacidades

Há várias razões que justificam a necessidade de formar e reforçar as capacidades dos representantes eleitos das colectividades locais na Costa do Marfim. Propomos três delas:

- Os eleitos locais provêm de diferentes áreas disciplinares. A formação disciplinar de muitos eleitos locais na Costa do Marfim não é a descentralização nem a governança local;

- Uma minoria muito pequena de conselheiros locais na Costa do Marfim tem formação em engenharia civil, arquitetura, planeamento urbano, desenvolvimento, geografia, gestão de projectos ou economia. De um modo geral, têm mais hipóteses de se saírem bem na gestão das actividades da sua comunidade. A situação é diferente para a maioria dos conselheiros locais, que não possuem os conhecimentos mínimos necessários. Isto indica que os eleitos locais necessitam de formação e de reforço das suas capacidades em matéria de descentralização e de desenvolvimento local.

- Para todos os conselheiros locais da Costa do Marfim, é necessário permitir que adquiram os conhecimentos, as competências, o saber-fazer e as aptidões interpessoais necessários ao bom desempenho das suas funções.

11.3 Formação dos representantes eleitos em vários domínios

11.3.1. Um desafio estratégico

A formação e o reforço das capacidades dos conselheiros locais permitir-lhes-ão melhorar o seu desempenho individual e exercer uma liderança eficaz na gestão do seu mandato. Trata-se de uma questão estratégica para o bom funcionamento da autarquia local. O seu bom conhecimento dos mecanismos, dos manuais de procedimentos e das estratégias de execução constitui uma base sólida para o bom funcionamento da coletividade local. A ideia não é dizer sempre que esta é a tarefa dos funcionários. Quando os representantes eleitos têm uma boa compreensão dos vários aspectos do seu papel, estão mais dispostos a dar instruções ou orientações adequadas ao seu pessoal. Os resultados obtidos são geralmente melhores.

11.3.2. Formação sobre vários temas

A formação e o reforço das capacidades dos representantes eleitos locais abrangem geralmente uma vasta gama de temas, dada a diversidade de poderes e responsabilidades transferidos para as autoridades locais. Estes temas incluem

- O objetivo da formação dos eleitos é permitir-lhes conhecer melhor a legislação e as competências e responsabilidades que lhes são atribuídas. Um bom conhecimento dos textos que regem a organização e o funcionamento das colectividades locais é uma etapa muito importante. Com este conhecimento, os eleitos locais sabem o que devem e o que não devem fazer no exercício do seu mandato. Em suma, um bom conhecimento dos textos e dos procedimentos permite-lhes evitar os erros que são geralmente cometidos por muitos eleitos locais;

- Formação dos eleitos na gestão das iniciativas de desenvolvimento local, nomeadamente na gestão de projectos. As colectividades locais lançam projectos de desenvolvimento nos seus diferentes domínios de competência. É o gestor ou o proprietário do projeto, ou seja, a pessoa que executa o trabalho. Este estatuto confere-lhe responsabilidades a assumir na execução destes projectos. O dono do projeto deve conhecer as várias fases do processo de realização de um projeto (fases do ciclo de vida do projeto). Acima de tudo, em cada fase do ciclo de vida do projeto, deve saber que documentos devem ser produzidos e entregues às várias entidades envolvidas na execução do projeto;

- A formação dos representantes eleitos locais em questões ambientais, de desenvolvimento sustentável e de alterações climáticas é essencial. Atualmente, o desenvolvimento sustentável e as alterações climáticas estão no centro das políticas, programas, projectos e acções de desenvolvimento local. Os eleitos locais não devem fugir a estes novos paradigmas. Melhor ainda, devem estar preparados para desempenhar plenamente o seu papel no controlo das alterações climáticas;

- Formação dos conselheiros municipais para otimizar a gestão dos resíduos sólidos urbanos, a fim de melhorar a qualidade do ambiente urbano. A formação ou o reforço das capacidades dos eleitos locais permitir-lhes-á responder mais eficazmente aos desafios dos resíduos sólidos;

- A formação dos eleitos em matéria de gestão financeira das colectividades locais é extremamente importante. O domínio, por parte dos eleitos, dos procedimentos e mecanismos de gestão financeira das colectividades locais constitui um trunfo;

- A formação e o reforço das capacidades dos conselheiros locais para otimizar a cobrança de impostos permitir-lhes-á compreender melhor o mecanismo e aumentar os recursos financeiros da sua autarquia local;

- A formação dos eleitos em gestão de contratos (obras, fornecimento de bens, prestação de serviços e outros serviços) permite-lhes dominar a preparação de dossiers técnicos e de documentos de concurso, no âmbito da gestão de projectos de desenvolvimento;

- A formação dos eleitos em matéria de desenvolvimento e de gestão das parcerias (gestão controlada das parcerias) reveste-se de uma importância estratégica para a coletividade local. Permite aos eleitos valorizarem as parcerias que estabelecem com actores institucionais exteriores à coletividade;

- A formação e o reforço das capacidades dos conselheiros locais na gestão do domínio público urbano é um dos principais desafios da governação local;

- A formação dos representantes eleitos para a introdução da tecnologia digital na gestão das actividades e dos serviços das autarquias locais no futuro permitir-lhes-á estar um passo à frente das mudanças causadas pela tecnologia digital.

Não há limite para o número de temas de formação e de reforço das capacidades dos eleitos locais. A questão que se coloca atualmente é a de saber como financiar as iniciativas de formação e de reforço das capacidades. Até à data, as autoridades públicas ainda não compreenderam a importância e a necessidade de investir na formação e no reforço das capacidades dos eleitos locais e do seu pessoal. A falta de formação constitui um obstáculo à preparação do futuro das colectividades locais e das suas populações.

11.4. Métodos de ensino propostos

Durante as sessões de formação e de reforço das capacidades, os conselheiros locais têm a oportunidade de partilhar experiências sobre casos práticos. No exercício do seu mandato, os conselheiros locais trabalham com colegas numa variedade de questões. Nem sempre têm a oportunidade de partilhar as experiências dos seus colegas e de aprender com elas para o seu próprio trabalho.

A partilha de experiências entre si é uma excelente oportunidade de enriquecimento mútuo e de preparação para um novo começo na gestão da sua comunidade. Os casos de sucesso e de fracasso são apresentados, analisados e discutidos. No final dos debates, é elaborada e "validada" uma linha de ação. Os representantes eleitos assim formados regressam a casa, por assim dizer, armados, revigorados ou rejuvenescidos e prontos a enfrentar os desafios com maior entusiasmo e auto-confiança. Os programas de formação ou de reforço das capacidades terão então atingido os seus objectivos.

Capítulo 12: Recursos humanos nas colectividades locais

O desenvolvimento e o desempenho das autarquias locais dependem fundamentalmente da disponibilidade e da mobilização de um número suficiente de recursos humanos de elevada qualidade. A sua sobrevivência e competitividade dependem da qualidade dos seus recursos humanos.

12.1. Qualidade dos recursos humanos: um trunfo importante

O nível de educação e de formação, a experiência profissional e o saber-fazer são factores que determinam a qualidade dos recursos humanos. O desenvolvimento dos recursos humanos é um pilar essencial da gestão das colectividades locais. A disponibilidade de recursos humanos de qualidade a nível das autarquias locais é um fator de desenvolvimento e de competitividade. Cabe, por conseguinte, aos gestores das colectividades locais pôr em prática uma estratégia apropriada para desenvolver e mobilizar recursos humanos adequados.

Atualmente, a maioria das autarquias locais da Costa do Marfim sofre de insuficiência e de má qualidade dos seus recursos humanos. Isto significa que não têm capacidade para satisfazer todas as suas necessidades organizacionais e operacionais.

12.2. Recrutar, empregar e conservar os melhores

Os eleitos das colectividades locais trabalham num ciclo no que se refere à gestão dos recursos humanos. O ciclo começa com a expressão de uma necessidade específica de recursos humanos. Para especificar essa necessidade, é definido o perfil do trabalhador necessário. O trabalhador ou agente recrutado é contratado pela coletividade local. É-lhe atribuída uma função. Deve demonstrar determinados valores, nomeadamente o gosto pelo trabalho, a diligência, o respeito pelo bem público e a procura da excelência individual. É aqui que os melhores se afirmam. A preocupação do autarca é manter os melhores funcionários para obter os resultados esperados.

12.3. Reconhecimento do mérito dos trabalhadores

A legislação que rege o funcionamento das colectividades locais na Costa do Marfim não prevê incentivos específicos para o pessoal. A tabela salarial em vigor nas autarquias locais da Costa do Marfim, como nunca é demais repetir, não oferece uma remuneração competitiva. Os trabalhadores também não recebem um prémio de desempenho que os incentive a trabalhar mais. Além disso, os trabalhadores das colectividades locais são pagos de forma irregular. Este facto não os coloca em boas condições para cumprirem as suas responsabilidades.

12.4 Criar as condições para a mobilidade profissional

A mobilidade profissional dos trabalhadores das autarquias locais permite-lhes mudar de ambiente físico, social e cultural durante a sua carreira. Esta mobilidade é necessária. Beneficia tanto os trabalhadores como as colectividades locais.

As autarquias locais devem oferecer aos seus trabalhadores a possibilidade de se deslocarem de uma autarquia local para outra sem dificuldades. Para os trabalhadores das autarquias locais, não se trata apenas de uma mudança de cenário, mas de uma mudança prevista pelo legislador, que lhes permite remobilizar o seu potencial profissional.

12.5. Responsabilidade: uma necessidade vital

Até à data, os representantes eleitos das colectividades locais da Costa do Marfim não têm qualquer obrigação de obter resultados. Não existe uma obrigação oficial claramente estabelecida neste domínio. A ausência de uma obrigação de resultados deixou muitas colectividades locais num estado de imobilidade, de monotonia e mesmo de letargia. Na realidade, neste contexto, muitos conselheiros locais contentam-se com acções de rotina. É necessário inverter esta tendência, responsabilizando os eleitos pela sua gestão perante os responsáveis da administração central, os eleitores e não eleitores e os parceiros do desenvolvimento local.

A obrigação de obter resultados leva os eleitos a mobilizarem todos os recursos da coletividade na procura de soluções adequadas para os problemas da população. Leva-os a utilizar toda a sua inteligência e energia para liderar as iniciativas de desenvolvimento.

12.6. Conselheiros municipais ou regionais

Os conselheiros das colectividades locais da Costa do Marfim merecem uma atenção especial. A pergunta que o cidadão comum geralmente faz é: quem são os conselheiros e o que é que eles fazem? Os cidadãos precisam de saber exatamente o que os conselheiros devem fazer, como devem trabalhar e qual o impacto do seu trabalho na comunidade. Na realidade, a missão do conselheiro não é bem conhecida do grande público. Acima de tudo, os cidadãos precisam de conhecer a base ou os critérios em que são escolhidos os conselheiros municipais ou regionais.

A ausência de um verdadeiro debate contraditório em certas reuniões do conselho municipal, por exemplo, leva-nos a pensar que os conselheiros se contentam em pagar as suas taxas de presença. Os eleitos locais são pouco visíveis nos seus bairros ou comunas. Que habitante viu alguma vez um autarca no seu bairro (mesmo que viva lá?)? É uma triste realidade. E levanta a questão da legitimidade da sua missão.

Perante as numerosas questões colocadas pelos cidadãos, é necessário proceder a alterações. Uma das mudanças a fazer seria reformular esta função para a tornar mais eficaz, mais atractiva e mais benéfica para a comunidade. É igualmente necessário rever a forma como os conselheiros são selecionados ou nomeados. Além disso, quando se trata de escolher os conselheiros municipais ou regionais, as comunidades de base poderiam ter a possibilidade de participar e de lhes dar a legitimidade necessária.

O problema é simples. Dentro das comunidades, sabemos mais ou menos quem é quem.   Por outras palavras, sabemos quem tem um interesse particular na vida da comunidade. Quem está em condições de mobilizar os outros membros da comunidade para realizar as acções do programa?

Finalmente, para garantir a eficácia das suas acções, os conselheiros devem receber um subsídio mensal ou anual de base. Poderá ser atribuído um bónus anual aos conselheiros que tenham sido activos e que tenham mobilizado eficazmente os membros da comunidade para agirem a nível comunitário.

12.7. Formar e apoiar os actores locais

É necessário identificar, formar e apoiar os actores, nomeadamente os actores sociais e económicos, que desejam participar nas iniciativas de desenvolvimento local. Na Costa do Marfim, os principais actores da produção económica continuam a ser os das zonas rurais. Os agricultores ainda não beneficiam da formação de que necessitam para aumentar o seu potencial de produção. A formação dos pequenos agricultores é uma necessidade vital. Consiste em ajudá-los a adquirir os conhecimentos e o saber-fazer que lhes permitirão melhorar o seu desempenho e a sua produtividade, produzindo mais, produzindo bem e produzindo melhor.

Sem formação, os pequenos agricultores continuam a cultivar com a mesma filosofia, utilizando ferramentas antigas e arcaicas que não lhes permitem melhorar a sua produtividade e rendimento. Há também a questão da sua organização global. Mal organizados ou desorganizados, sem assistência e sem domínio das cadeias de comercialização dos seus produtos, os pequenos agricultores não conseguem tirar o máximo partido do seu trabalho. Os especuladores estão lá para se divertirem às suas custas, comprando os seus produtos a preços baixos e vendendo-os depois a preços mais elevados nos centros urbanos ou no estrangeiro. Para além da retórica política e da demagogia que ouvimos, não há ninguém que os ajude de forma mais concreta.

12.8. Alargar o papel dos líderes comunitários

Tanto nas zonas rurais como nas zonas urbanas, o papel dos líderes comunitários continua a ser essencial. Este papel técnico deve ser alargado. Tal permitiria

> ➢ assegurar a necessária interface entre, por exemplo, os conselheiros municipais ou regionais e as comunidades urbanas ou rurais residentes ou os agentes socioeconómicos que vivem e trabalham na autarquia local;

> ➢ coordenar ou supervisionar as acções colectivas das comunidades residentes ou dos agentes socioeconómicos, por exemplo em matéria de

saúde pública, de redução do ruído, de luta contra a violência ou a insegurança na comunidade, de coesão e diálogo social, etc.

12.9. Participação cívica no trabalho

A procura do desenvolvimento local deve basear-se no empenhamento dos cidadãos num trabalho corajoso e perseverante. Atualmente, porém, é evidente que os costa-marfinenses, em geral, não trabalham o suficiente. A cultura do trabalho nas comunidades tradicionais da Costa do Marfim está em rutura. Atualmente, um grande número de cidadãos, em particular os que vivem nas zonas urbanas, sentem que o trabalho já não é "suficiente" para alimentar as suas famílias, que o trabalho já não "compensa", etc. Acreditam que outra coisa que não o trabalho é a solução. Acreditam que é necessário algo mais do que o trabalho, nomeadamente apoiar-se em "relações ou conhecimentos" para existir e evoluir na sociedade. Trata-se de uma forma de pensar negativa e perigosa, muito difundida nas comunidades e em toda a Costa do Marfim. De certa forma, arrasta a comunidade local para baixo. E o progresso social e económico é difícil de alcançar.

Capítulo 13: Financiamento do desenvolvimento local

A questão do financiamento do desenvolvimento local é central. É de importância estratégica para as colectividades locais. Envolve uma série de aspectos, nomeadamente procedimentos, mecanismos de financiamento local e controlo da execução orçamental. Estes elementos são definidos nos documentos elaborados pelas autoridades de controlo para garantir a boa gestão financeira das colectividades locais. Um bom conhecimento destes elementos permite aos eleitos evitar certos erros. A nossa análise da questão do financiamento centrar-se-á em quatro (4) aspectos: i) o financiamento a partir de recursos públicos; ii) o financiamento a partir da mobilização de recursos próprios; iii) o financiamento a partir de fundos específicos; e iv) o financiamento através do desenvolvimento de parcerias.

13.1. Financiamento com recursos públicos

Os desafios financeiros da descentralização na Costa do Marfim são enormes, tendo em conta a amplitude e a diversidade das competências transferidas para as colectividades locais. Estas colectividades locais não dispõem dos meios financeiros necessários para levar a cabo projectos de desenvolvimento. Todos os conselheiros locais da Costa do Marfim estão de acordo.

Os recursos financeiros do Estado continuam a depender em grande medida da sua boa vontade. Por outras palavras, o Estado decide sozinho dar às colectividades locais o que quer e quando quer. Isto não é negociável.

Para muitos de nós, a falta de financiamento do desenvolvimento local é o obstáculo ao progresso do nosso país. A questão do financiamento do desenvolvimento local levanta um paradoxo. Por um lado, existem recursos naturais abundantes nas comunidades locais, incluindo terra, água e matérias-primas, em quase todas as regiões do país. Por outro lado, há uma ausência ou escassez de recursos financeiros para satisfazer as muitas necessidades expressas pelas autoridades e comunidades locais. Esta situação paradoxal está a dificultar a implementação de programas e projectos de desenvolvimento comunitário.

As colectividades locais são confrontadas com a questão recorrente do fundo único. Em termos simples, um fundo único significa a existência de um fundo comum para o qual os serviços públicos centrais e os serviços descentralizados pagam os seus recursos financeiros comuns. O fundo comum é o tesouro público. O facto é que, uma vez pagos os recursos financeiros ao tesouro público, é praticamente impossível para as autoridades locais terem acesso, em tempo real, à parte dos recursos a que têm direito. Isto dificulta-lhes a realização de projectos ou acções de desenvolvimento local.

Em suma, os subsídios concedidos pelo Estado da Costa do Marfim às colectividades locais são notoriamente insuficientes. Na abertura de um seminário de sensibilização e informação para os representantes das colectividades locais, a 27 de junho de 2019, em Abidjan, o representante do Ministro da Economia e das Finanças, Akpess Yapo Bernard, revelou que, em

2018, o Estado concedeu um total de 160,2 mil milhões de FCFA, dos quais 97,9 mil milhões de FCFA para as partes fiscais retrocedidas e **62,3 mil milhões de FCFA para as subvenções concedidas para 2018"**. Estas subvenções representam 0,9% do orçamento nacional, estimado em 7.653,3 mil milhões de FCFA. Em princípio, deveriam representar 10% do orçamento nacional. Esta foi a principal recomendação do seminário de revisão da descentralização realizado em 2013. Durante este seminário, os participantes fizeram as seguintes observações e recomendações

- o alargamento progressivo dos poderes fiscais das autarquias locais, em conformidade com as disposições da lei;
- fluxo de caixa irregular para as autoridades locais;
- a não apropriação dos textos que regem as colectividades locais pelos chefes de aldeia ou de distrito e pela população local;
- as autoridades locais não assumem a responsabilidade pela gestão dos resíduos sólidos;
- a definição de uma política nacional de descentralização que seja explicada de forma a que todas as componentes da sociedade costa-marfinense a compreendam o melhor possível e, sobretudo, que se apropriem dela e participem na sua implementação.

A estes diferentes aspectos deve acrescentar-se a criação, em certos casos, de uma organização paralela para a recolha e o pagamento dos recursos financeiros cobrados aos comerciantes e aos operadores económicos. Com esta organização, os recursos financeiros mobilizados vão naturalmente para os cofres de um indivíduo ou de um grupo de indivíduos. Esta prática ilegal, observada nas colectividades em crise, constitui um grave golpe para o financiamento do desenvolvimento local.

À luz deste balanço, é evidente que há ainda muitos desafios a enfrentar para se conseguir uma descentralização mais responsável e portadora de maior bem-estar para as populações locais. O debate sobre o financiamento das colectividades locais da Costa do Marfim com recursos públicos está longe de estar encerrado.

13.2 Financiamento a partir de recursos próprios

O financiamento das colectividades locais através da mobilização dos seus recursos próprios é assegurado por todas as equipas locais. O quadro orgânico de mobilização dos recursos financeiros dá uma indicação das possibilidades de desenvolvimento dos recursos próprios. A mobilização dos recursos próprios depende da base económica e, por conseguinte, financeira e fiscal da coletividade local. O facto é que a maioria das autarquias locais está satisfeita com o que o quadro orgânico propõe. Existem ainda outras possibilidades de financiamento que ainda não foram exploradas. Por isso, há que envidar esforços para alargar a base fiscal e a base financeira das autarquias locais. A base financeira é uma ramificação da base económica das colectividades locais. Quanto mais diversificada for a base económica de uma autarquia local, maiores serão os recursos financeiros que esta poderá mobilizar para satisfazer as suas necessidades de funcionamento e de investimento. Alguns eleitos tomaram medidas para aumentar os seus recursos próprios. Mas, até à data, ainda não foram capazes de explorar todas as oportunidades existentes na sua área local.

13.3 Fundos específicos de desenvolvimento local

O financiamento do desenvolvimento das colectividades locais através da criação de fundos específicos parece ser uma das alternativas mais credíveis para os autarcas. No âmbito da nossa documentação sobre a questão do financiamento das colectividades locais, podemos ler: "*Os nossos pequenos orçamentos obrigam-nos a inovar*". Esta afirmação foi proferida por Jaime Lerner, arquiteto e urbanista, antigo presidente da Câmara Municipal de Curitiba, no estado de Paneras (Brasil). Durante os seus três mandatos de quatro anos como prefeito, a cidade de Curitiba registou progressos consideráveis em todos os domínios. Tudo o que foi alcançado baseou-se em grandes inovações que foram saudadas pelas principais organizações envolvidas na cooperação internacional para o desenvolvimento local. Fascinadas, elas apoiaram a ambiciosa equipa municipal nos seus programas e projectos de desenvolvimento. Curitiba era vista como um modelo de inovação e de governação.

Todos os conselheiros locais da Costa do Marfim lamentam a insuficiência dos meios financeiros concedidos pelo Estado às colectividades locais. Esta é a realidade, e não é nova. Esta situação, que resulta da já referida tesouraria única, impede-os de executar corretamente os projectos de desenvolvimento identificados. Em alguns casos, nem sequer podem iniciar os projectos. Mas, ao mesmo tempo, esta situação deve incentivar as colectividades locais a inovar, propondo mecanismos susceptíveis de gerar recursos suplementares para consagrar aos investimentos.

Em 2014, o Presidente do Conselho Regional do Sul de Comoé, Dr. Aka Aouele, lançou um fundo de desenvolvimento com participação popular. Este fundo, denominado "*Sud Comoé Invest*", deve ser alimentado por acções com um valor mínimo de 1.000 francos CFA. Os eleitos locais da Costa do Marfim deveriam seguir os passos do Presidente do Conselho Regional do Sul de Comoé e de outros que já tomaram iniciativas para mobilizar recursos financeiros a nível interno. Os bons exemplos podem ser imitados. No entanto, a criação de um fundo específico numa coletividade local deve ser precedida de uma reflexão aprofundada e estratégica sobre os aspectos essenciais, a fim de evitar obstáculos. Atualmente, existem poucos exemplos deste tipo na Costa do Marfim. Este facto mostra a dimensão do desafio.

13.3 Financiamento através do desenvolvimento de parcerias

A questão do financiamento do desenvolvimento das colectividades locais pode ser abordada pelas organizações internacionais. Tendo em conta as limitações actuais do financiamento público do desenvolvimento local e a falta de experiência na promoção de iniciativas audaciosas de financiamento das colectividades locais, as parcerias parecem ser uma via promissora. No

entanto, as colectividades locais da Costa do Marfim ainda não exploraram suficientemente esta via. As razões para tal são várias:
- As autoridades locais da Costa do Marfim não estão familiarizadas com os procedimentos de desenvolvimento deste tipo de parceria. Por conseguinte, as colectividades locais carecem de saber-fazer para desenvolver parcerias vantajosas para todos;
- O processo de criação de parcerias é tão moroso que a maior parte dos autarcas tem relutância em envolver-se. Acreditam, muito erradamente, que o seu trabalho só beneficiará os seus sucessores. Não será isto sectarismo e desinteresse pelo desenvolvimento, tanto mais que a administração é uma continuidade e que não se trabalha para si próprio mas para a coletividade?
- O conhecimento insuficiente do potencial financeiro das colectividades locais não permite determinar a sua capacidade real de reembolso dos empréstimos a solicitar e, consequentemente, justificar a sua solvabilidade;
- A prudência tradicional das autoridades de tutela da Costa do Marfim, que não dão sistematicamente o apoio político necessário às colectividades locais que desejam desenvolver parcerias com instituições externas. As autoridades governamentais, munidas do historial de outras equipas locais, não querem que os eleitos locais entrem num ciclo de endividamento descontrolado.

Stanislas Zézé, Diretor-Geral da agência de notação Bloomfield, declarou aquando da assinatura do acordo com Aka Aouelé, Presidente do Conselho Geral Sud-Comoé, a 8 de agosto de 2018: "*O objetivo é encorajar cada vez mais as autoridades locais a obter fundos nos mercados de capitais para lhes permitir fazer investimentos lucrativos nas suas autarquias locais. [9]E, acima de tudo, ter um desenvolvimento que não se baseie essencialmente em recursos estatais, que muitas vezes não são suficientes*" .

O dinheiro está disponível no mercado internacional, em todo o lado e em grandes quantidades. Este mercado oferece grandes perspectivas de financiamento do desenvolvimento local. O que mais falta, segundo os especialistas em finanças internacionais, são projectos, bons projectos, projectos bem elaborados ou bem montados, em suma, projectos que sejam bancáveis. As colectividades locais da Costa do Marfim, no seu conjunto, ainda não adquiriram a capacidade de pôr em prática projectos deste tipo. Podem recorrer aos serviços de consultores para os ajudar a elaborar projectos e a atrair financiamentos. Um número muito reduzido de colectividades locais da Costa do Marfim mobiliza recursos financeiros do exterior do país.

Tendo em conta o que precede, é seguro dizer que ainda há trabalho a fazer para popularizar este tipo de parceria entre as autoridades locais, de modo a permitir-lhes assegurar um financiamento significativo. Para o efeito, é necessário que sejam mais agressivas, mais ambiciosas, para atrair mais recursos financeiros.

---

[9] Emeline Péhé Amangoua (2018), Le Sud-Comoé et l'agence Bloomfield signent une convention, in Fraternité Matin de 11 e 12 de agosto de 2018, página 9.

Trata-se de uma área que deve ser explorada, pois é suscetível de proporcionar às autoridades locais um financiamento substancial para a realização de projectos ainda mais ambiciosos, com resultados ainda mais significativos.

Capítulo 14: Participação dos cidadãos no desenvolvimento local

Nunca é demais repetir que a participação dos cidadãos é a chave do sucesso de qualquer projeto de desenvolvimento local. Na Costa do Marfim, a participação dos cidadãos na condução da ação pública continua a ser notoriamente fraca. Esta participação deve ser mais ativa, mais pró-ativa e mais duradoura. Para o efeito, são necessárias reformas, nomeadamente institucionais, para reforçar a participação dos cidadãos na Costa do Marfim.

14.1 Capacitação das populações locais

As pessoas são um fator poderoso no desenvolvimento quando participam em projectos ou acções de desenvolvimento. Para que as pessoas assumam a responsabilidade pelo seu próprio desenvolvimento, é necessário que, primeiro, tomem consciência dos problemas individualmente e, depois, coletivamente. Atualmente, a população local tende a limitar-se a fazer exigências sociais e económicas sem assumir verdadeiramente a responsabilidade.

A participação dos cidadãos no desenvolvimento local é o elo mais fraco da cadeia de desenvolvimento local na Costa do Marfim. Este facto é unanimemente reconhecido. De um modo geral, esta constatação não é seguida de propostas concretas. É preciso ir além desta constatação e propor uma abordagem estruturada para tornar a participação dos cidadãos efectiva e sustentável. Isto contribuirá para revitalizar a vida política, social e económica das comunidades.

A participação dos cidadãos no desenvolvimento da comunidade é uma necessidade absoluta. A população deve desempenhar um papel decisivo e ativo no processo de desenvolvimento local. Atualmente, porém, verifica-se uma grave falta de participação dos cidadãos nas iniciativas de desenvolvimento. Os cidadãos deixam toda a iniciativa nas mãos das autoridades centrais ou locais.

No contexto do desenvolvimento local, os cidadãos têm a oportunidade de aprender na escola, na família, na comunidade, na empresa ou em qualquer outra organização onde se encontrem. No entanto, em cada uma destas organizações humanas, nem sempre têm a oportunidade de saber o que é o "desenvolvimento local". O desenvolvimento local não é ensinado.

A aldeia é o último elo da estrutura administrativa da Costa do Marfim. A limpeza de um bairro ou de uma aldeia é, por excelência, uma questão de interesse coletivo. Esta atividade exige a mobilização de mão de obra local. Não requer necessariamente dinheiro, exceto para a compra de alguns instrumentos de trabalho (enxada, catana, ancinho, luvas, carrinho de mão). A liderança deve ser assegurada pela pessoa ou pelo morador que tem o perfil.

14.2. Cidadania e cumprimento das obrigações fiscais

Nunca é demais sublinhar que o pagamento de impostos é um dever cívico. Cada cidadão, seja ele quem for, deve pagar impostos. Os impostos pagos pelos cidadãos dão-lhes direito a serviços sociais e económicos, em quantidade e qualidade. Na Costa do Marfim, quando estes serviços não são prestados, ou são prestados de forma insuficiente ou parcial, os cidadãos não têm qualquer forma de exprimir a sua insatisfação. De facto, não existe um canal através do qual possam fazer ouvir a sua voz.

[10]A E-commune ou ferramenta de desenvolvimento local foi proposta pelo Comité Nacional de Télédétection et d'Informations Géographiques (CNTIG) em 2013. Está a ser implementada nas comunas-piloto de Fresco, Grand-Bassam e Marcory. De acordo com o Secretário-Geral do Comité Nacional de Teledeteção e Informação Geográfica (CNTIG), Dr. Edouard Fonh-Gbei, o E-commune "*é uma resposta ao problema da mobilização de recursos nas comunas. Ajudará os municípios que o adoptarem a planear melhor o desenvolvimento local. O sistema tornará o orçamento mais seguro, contribuindo para reduzir a fraude e a corrupção. O E-commune permite às autarquias locais identificar o seu potencial fiscal e organizar melhor a cobrança de impostos.*

14.3. Instalação dos cidadãos nos seus territórios

As pessoas que abandonam o seu país de origem procuram lugares onde possam ter uma vida decente, do ponto de vista político, social, cultural, ambiental, económico e de segurança. Deixam a sua região ou país de nascimento para ir, ou esperam ir, para outra região ou país que ofereça perspectivas aceitáveis ou mesmo melhores.

A partida maciça de mão de obra de uma autarquia local para outras regiões ou mesmo para outros países é uma perda para a região de origem e, obviamente, um ganho para a região de acolhimento. Para a região de origem da mão de obra, é difícil construir e aplicar uma boa política de desenvolvimento local. O desenvolvimento endógeno e auto-sustentado de uma comunidade deve ser realizado com o conjunto das pessoas que aí se instalaram a longo prazo. É imperativo pôr em prática estratégias destinadas a manter as pessoas no seu território.

Os jovens são o potencial humano em que se deve basear a procura do desenvolvimento local. Mas esta força produtiva não está suficientemente envolvida na luta pelo desenvolvimento local, quer por falta de formação específica, quer por uma formação incompleta e sobretudo inadaptada às necessidades da comunidade. Isto explica e justifica, em certa medida, o desemprego juvenil e, ao mesmo tempo, coloca a questão crucial da empregabilidade dos diplomados.

As autarquias locais não devem ter medo dos jovens. Podem liderar a ação política e económica a nível comunitário. Devem incluí-los no centro das suas políticas. Se não o fizerem, podem revelar-se perigosas ou mesmo

---

[10] "Développement de proximité - Le projet e-commune a commencé", Anoh Kouao, Fraternité Matin de 26 de setembro de 2013.

suicidas para o futuro da sua comunidade. Os autarcas locais devem abordar a questão dos jovens de frente.

14.4 Múltiplos actores e comunicação

Atualmente, o mundo tornou-se uma aldeia global. A nível de cada país, há uma série de actores envolvidos no desenvolvimento local. O desenvolvimento local envolve um vasto leque de actores. O conceito de "ator" não é novo, mesmo que estejam a surgir novos actores. Trata-se de todos os actores sociais, culturais e económicos que podem ser mobilizados para assegurar o êxito de um projeto ou de uma ação de desenvolvimento local. A diversidade ou multiplicidade dos intervenientes significa que, para que a informação seja acessível, é necessário criar um bom sistema de comunicação para os atingir, individual e coletivamente.

A mobilização das várias partes interessadas na definição, preparação e execução de iniciativas de desenvolvimento local exige não só um sistema, mas também boas estratégias de comunicação. Cada parte interessada necessita de uma estratégia de comunicação específica.

Atualmente, porém, existe uma grave falta de comunicação e, sobretudo, de diálogo entre os eleitos locais e as diferentes camadas da população. Esta falta de diálogo impede a coesão necessária ao desenvolvimento local.

14.5. Formar os cidadãos para a democracia.

Para que os cidadãos se tornem verdadeiros democratas, têm de ser bem formados. Cidadãos sem formação ou com formação deficiente são um obstáculo ao estabelecimento da democracia a nível local e nacional. Os cidadãos bem formados estão preparados para participar no debate democrático e, assim, desempenhar um papel no processo de desenvolvimento da comunidade. Esta formação pode ser dada de várias formas: auto-formação, formação académica (para os que seguem cursos escolares ou universitários), formação por organizações ou associações que promovem a democracia e formação pelos partidos políticos, nomeadamente para os seus militantes. Atualmente, os partidos políticos não são capazes de formar cidadãos capazes de discernir o particular, o individual e o coletivo. Além disso, a vida democrática, tal como é defendida e praticada na Costa do Marfim, está repleta de mentiras, de trapaças e de uma grande desonestidade moral e intelectual da população.

14.6. Direito dos cidadãos ao desenvolvimento

A procura do desenvolvimento é um direito. O direito ao desenvolvimento é um direito universal. Atualmente, não existe uma exigência estruturada dos cidadãos e das comunidades sobre o desenvolvimento dirigida aos representantes eleitos locais. É certo que os cidadãos falam de questões de desenvolvimento entre si, geralmente nas salas de estar, nos bares, nos maquis ou nos restaurantes. Fazem-no em função da sua compreensão, das suas emoções e, sobretudo, da sua posição política, social ou económica. Mas não existe uma procura comunitária estruturada de desenvolvimento local. Também não existe um debate estruturado sobre o desenvolvimento local a nível comunitário ou local. Esta falta de debate a nível local impede as pessoas de compreenderem o desenvolvimento local.

Atualmente, uma grande parte das populações locais continua a ser ignorante. A ignorância é o pior inimigo do desenvolvimento, que depois é difícil de construir. Também neste caso, há que envidar esforços para aumentar o nível de conhecimento das populações locais. As colectividades locais poderão assim fazer verdadeiros progressos.

Capítulo 15: Liderança para o desenvolvimento local

Na sua marcha para o progresso, qualquer organização ou comunidade pode contar com homens ou mulheres que se destacam da multidão. Têm uma certa vantagem sobre os outros membros da comunidade. Sem serem necessariamente homens ou mulheres excepcionais, eles emergem do grupo, naturalmente ou de acordo com as circunstâncias. São esses homens e mulheres a quem atribuímos o anglicismo "leader", que significa literalmente "condutor". Um líder é alguém que tem a responsabilidade e a capacidade de conduzir um grupo ou uma comunidade para atingir os seus objectivos.

15.1. Liderança e desenvolvimento local

A liderança é essencial para o funcionamento de uma comunidade. Para ser verdadeiramente benéfica para a comunidade, a liderança deve ser exercida com grande humildade. A humildade de um líder torna mais fácil reunir-se à sua volta e gerir as relações com os outros membros da comunidade. A falta de humildade cria as condições para o surgimento de conflitos pessoais no seio do grupo. O líder deve atuar com delicadeza e flexibilidade. O orgulho cria um fosso entre o líder e os outros membros do grupo, os componentes da comunidade.

A liderança exige respeito pelos colegas, colaboradores e parceiros. É com base nesta consideração que os membros da comunidade podem submeter-se e trabalhar em conjunto para resolver os desafios que a comunidade enfrenta.

É igualmente de salientar que, no sistema de organização da descentralização na Costa do Marfim, os eleitos locais não são obrigados a obter resultados. Por conseguinte, alguns deles não conseguem dotarse dos meios e das estratégias necessárias para colocar as suas colectividades locais no bom caminho.

15.2. Líder ou condutor

Tal como o maestro de uma orquestra, o líder local deve estar acima da multidão. Ele deve reunir os membros da sua equipa para explorar todas as oportunidades de desenvolvimento que se apresentam. As oportunidades de desenvolvimento económico existem em todas as autarquias locais, contrariamente ao que se pensa. Mas, na maior parte das vezes, estas oportunidades são ignoradas ou negligenciadas. Isto significa que é necessário efetuar um trabalho preparatório para que os intervenientes no desenvolvimento local tomem consciência de que as oportunidades estão ao seu alcance. Basta-lhes dar provas de imaginação e de inovação para encontrarem soluções duradouras para problemas inicialmente considerados insolúveis.

15.3. Empenho do responsável local

O empenhamento dos eleitos ou dos dirigentes locais é da maior importância para o cumprimento da sua missão. Os eleitos empenhados lutam, de corpo e alma, quase diariamente pela sua coletividade. No entanto, a maioria dos eleitos chega à frente das colectividades locais sem ter necessariamente esta vontade de empenhamento.

Convém igualmente analisar as condições em que os eleitos são nomeados para dirigir certas colectividades locais. A votação nas eleições autárquicas nem sempre se efectua de forma regular, ou seja, transparente. Nalgumas localidades, a votação foi marcada por irregularidades, intimidação e fraude, por vezes com enchimento de urnas e voto múltiplo.

O processo de elaboração dos cadernos eleitorais e as votações que se seguem são geralmente descritos como "transparentes" pelas organizações responsáveis pelas eleições. Na realidade, as votações nem sempre são transparentes porque a transparência não ajuda aqueles que, num contexto eleitoral normal, teriam poucas hipóteses de ganhar alguma coisa.

Além disso, em muitas autarquias locais da Costa do Marfim, os eleitos têm um único leitmotiv: representar o partido no panorama político nacional. Para estes conselheiros locais, o objetivo é aumentar o peso do seu partido na cena política nacional. Esta abordagem unilateral do seu papel não permite aos eleitos fazer avançar as suas colectividades no sentido do progresso e do desenvolvimento. Não é essa a missão atribuída às colectividades locais. A sua missão é criar as condições para melhorar as condições de vida das populações.

Para outra categoria de eleitos, o que os preocupa é a sua promoção pessoal na cena política nacional. Eles são obcecados e sedentos de "reconhecimento". A promoção da qualidade da governança comunitária, com o objetivo de melhorar o bem-estar da população, não é necessariamente o objetivo destes eleitos. O contexto nacional é marcado pela ausência de uma verdadeira cultura de excelência por parte dos autarcas, no sentido de proporcionar às populações das suas comunidades as melhores condições de vida e de ambiente possíveis.

15.4. Compromisso do líder com os jovens

As colectividades locais da Costa do Marfim dispõem de uma população jovem e numerosa, cujos talentos e génios ainda não foram suficientemente explorados. Os jovens não estão suficientemente preparados para desempenhar o seu papel na gestão dos assuntos da comunidade. Os jovens das colectividades não são ensinados a trabalhar com as mãos, com a cabeça, para explorar as oportunidades que existem localmente. Mais concretamente, é necessário ensinar-lhes a :
- ➢ Respeitar o antigo e o novo;
- ➢ Para se conhecerem a si próprios, para conhecerem o potencial que existe dentro deles;
- ➢ Identificar oportunidades locais de integração social e económica;
- ➢ Trabalhar arduamente e esperar colher os frutos quando chegar a altura;

- ➢ Criar equipas e pô-las a trabalhar da melhor forma;
- ➢ Trabalhar em conjunto (é um espírito) para alcançar grandes feitos;
- ➢ Seja paciente, não se precipite e espere com confiança pelo momento certo (a paciência é sempre o caminho de ouro);
- ➢ Uma melhor gestão dos recursos financeiros, gerados individual ou coletivamente, quando a empresa é bem sucedida;
- ➢ Exercer o seu direito de representação junto dos seus representantes eleitos.

15.5. Empenho na promoção da cultura local

A cultura é a verdadeira base do desenvolvimento. Qualquer política, programa ou projeto de desenvolvimento que não se baseie na cultura local está condenado ao fracasso. O desenvolvimento ou a procura do desenvolvimento local deve basear-se fundamentalmente nos valores culturais da comunidade.

A diversidade cultural, que caracteriza todas as colectividades locais da Costa do Marfim, é um trunfo na procura do desenvolvimento. Pode ser a base sobre a qual tudo se constrói. A diversidade cultural é um elemento de enriquecimento mútuo.

15.6. Empenho na luta contra o desemprego

O desemprego é um dos principais desafios que os autarcas enfrentam. Há duas formas principais de combater o desemprego ou o subemprego.

A primeira orientação é que os autarcas ofereçam emprego direto nos seus serviços. Mas não tenhamos ilusões, pois a sua margem de manobra é limitada pelo quadro orgânico dos empregos autárquicos.

A segunda direção convida os eleitos locais e os seus parceiros a criarem condições para a criação de actividades geradoras de rendimento ou de empresas pelas populações locais. Nas colectividades locais, existem oportunidades de integração económica. Mas devido à ignorância, à falta de ambição e, sobretudo, à falta de apoio, estas oportunidades não são suficientemente exploradas. As condições a criar ou a pôr em prática incluem o apoio administrativo e jurídico, o financiamento direto e os benefícios fiscais a conceder às empresas em fase de arranque, para que possam crescer e atingir a maturidade necessária. Trata-se igualmente de prestar apoio técnico e de gestão aos jovens empresários locais. Os eleitos locais devem ser capazes de encontrar as sinergias necessárias para apoiar as acções das várias organizações envolvidas na gestão dos assuntos da comunidade.

15.7. Empenho na luta contra a insegurança urbana

A insegurança é um obstáculo ao desenvolvimento local, tanto nas zonas urbanas como nas zonas rurais. É essencialmente o resultado da pobreza ou da precariedade em que vive atualmente um grande número de cidadãos, na sua maioria jovens. Esta pobreza é agravada pela falta de perspectivas económicas ou de integração económica dos jovens nas comunidades. Perante a impossibilidade de satisfazer as suas necessidades básicas, um grande número de jovens recorre a actividades ilícitas, o que justifica o aumento da insegurança.

As bases de um desenvolvimento local sustentável só podem ser lançadas se o ambiente social e económico das autarquias locais for seguro. É, pois, necessário criar nas autarquias locais condições óptimas para a segurança das pessoas, dos bens e dos investimentos.

15.8. Cooperação para o desenvolvimento económico

15.8.1. Forma atual de cooperação

A cooperação económica continuará a ser praticada entre as nações, a fim de permitir que os menos avançados beneficiem da sua experiência em termos de consultoria, assistência técnica ou financeira. No entanto, ao longo dos anos, a cooperação tem-se deparado com os seus limites, nomeadamente com restrições ou cortes orçamentais. Na sua forma atual, esta cooperação levanta uma série de questões.

[11]Constatamos também que as organizações internacionais de ajuda ao desenvolvimento têm "a sua própria lógica e os seus próprios procedimentos". O facto de não dominarem a sua própria lógica e os seus próprios procedimentos não facilita a tarefa das nações pobres. Esta situação constitui um obstáculo a uma melhor utilização das possibilidades de financiamento existentes. No contexto da cooperação económica, são impostas condições difíceis e até draconianas aos países pobres. Rolf Traeger prossegue: "Isto coloca um problema de transparência, de controlo da eficácia da ajuda e de coerência com os objectivos definidos por cada governo".

15.8.2. Para uma cooperação com as autoridades locais

São cada vez mais necessárias reformas para tornar a assistência às autoridades locais mais produtiva e, por conseguinte, mais benéfica para as populações locais. Por exemplo, as organizações internacionais estão a trabalhar diretamente com as autoridades locais para melhor responder às necessidades das populações locais.

A cooperação entre os eleitos locais e as organizações internacionais centra-se em programas ou projectos. Esta cooperação baseia-se num contrato. O quadro assim estabelecido permite definir as condições de gestão da parceria. Isto coloca a questão do apoio técnico e estratégico às colectividades locais. Para uma maior eficácia, este apoio técnico deve ser prestado sob a direção de peritos nacionais.

A cooperação é multiforme e multi-setorial. Nem sempre beneficiou as populações locais, porque existe um desfasamento entre o que os países pobres consideram ser bom para as suas populações e os programas ou

---

[11]Rolf Traeger, responsável pela secção relativa aos Países Menos Avançados (PMA) no relatório de 2019 da Conferência das Nações Unidas sobre Comércio e Desenvolvimento (CNUCED), publicado a 19 de novembro.

projeto financiados pelas organizações internacionais. Isto levanta a questão da conceção das actividades entre os dois níveis.

15.8.3. Restrições à cooperação

Em matéria de cooperação com as organizações internacionais, as colectividades locais da Costa do Marfim nem sempre se encontram na melhor posição. De facto, são afectadas por constrangimentos internos e externos. Entre os constrangimentos internos ao desenvolvimento da cooperação com as organizações internacionais, podemos citar a falta de audácia, de imaginação e de inovação por parte de alguns eleitos locais. A isto junta-se a ausência ou a insuficiência de recursos humanos qualificados para responder às suas necessidades. Acresce ainda a insuficiência ou fraqueza dos recursos financeiros à disposição das colectividades locais. Todos estes factores impedem a realização de projectos de desenvolvimento.

Para as organizações internacionais, as dificuldades resultam de uma falta de compreensão das autoridades locais. Estas têm as suas próprias realidades, nomeadamente do ponto de vista social, cultural, económico e ambiental. Trabalhar com as autoridades locais é como entrar num outro mundo. Para penetrar neste ambiente, as organizações internacionais devem procurar oferecer uma cooperação adequada.

15.9. Transferência de tecnologia e desenvolvimento local

15.9.1. Transferência de tecnologia e autoridades locais

Para efeitos de desenvolvimento, as nações, as colectividades locais e as empresas continuam a ser confrontadas com a questão da transferência de tecnologias. Esta continua a ser uma questão atual, apesar dos esforços e dos progressos realizados pelas organizações humanas. A transferência de tecnologia tem vários aspectos. Antes de mais, convém salientar que a transferência não se limita à transferência de tecnologia dos países do hemisfério norte para os do hemisfério sul. Para os países do Sul, a transferência de tecnologia não significa apenas a transferência de conhecimentos e de saber-fazer das elites técnicas nacionais para as comunidades de base. As comunidades rurais ou indígenas puderam adquirir tecnologias para resolver os problemas existenciais com que se defrontam.

15.9.2 Tecnologia limpa ou verde

De um modo geral, quando falamos de desenvolvimento tecnológico, vemos os efeitos da ação humana sobre a natureza. Esta tendência é atenuada pela utilização de tecnologias verdes ou limpas, que permitem manter, proteger e promover a natureza. As tecnologias verdes ou limpas são utilizadas para reduzir o impacto negativo da atividade humana no ambiente.

No domínio do ambiente físico, as tecnologias verdes incluem a reciclagem de resíduos, o tratamento de águas residuais e as energias renováveis, nomeadamente face à diminuição das fontes de combustíveis fósseis. Muitas outras tecnologias verdes ou limpas são utilizadas na indústria da construção, nos transportes, na agroindústria, etc.

A procura do desenvolvimento local deve basear-se numa inovação constante. Através da inovação social, científica ou tecnológica, procuramos e encontramos soluções originais, pouco dispendiosas, controláveis, sustentáveis e, sobretudo, adaptadas ao contexto local. Atualmente, os desenvolvimentos científicos digitais oferecem oportunidades de inovação sem precedentes no domínio da gestão do desenvolvimento local, na medida em que nos permitem melhorar a qualidade dos serviços e, por extensão, a qualidade de vida das populações locais.

15.9.3. Capacidade de absorção da tecnologia local

Um dos elementos-chave na questão da transferência de tecnologia é a capacidade local ou comunitária de absorver as tecnologias transferidas. Mais precisamente, é a capacidade técnica dos actores locais ou comunitários para consumir ou utilizar a tecnologia recebida para resolver o problema colocado. Uma vez na posse das tecnologias, trata-se de ver a capacidade técnica dos actores comunitários de se apropriarem delas e de as utilizarem para resolver eficazmente os problemas colocados.

Por conseguinte, é necessário avaliar previamente esta capacidade para determinar se é suficiente ou insuficiente. Se essa capacidade for insuficiente, é necessário formar os actores locais ou comunitários e reforçar as suas capacidades. É necessário formar líderes tecnológicos nas comunidades. Estes líderes ensinarão os outros membros da comunidade a dominar a tecnologia.

15.9.4. Exemplos de inovações iniciadas a nível local

- ***Técnica de "sandbagging***

[12][13]Esta técnica japonesa, testada numa aplicação piloto em Anyama e Grand-Lahou, foi apresentada aos presidentes de câmara da Costa do Marfim.

- ***Fazer pedras de pavimentação com sacos de plástico***

Os jovens trabalhadores da Plate-Forme des Services (PFS), secção de Agboville, fabricaram pedras de pavimentação a partir de sacos de plástico. Estas pedras de pavimentação são de boa qualidade física. No entanto, a resistência deste material precisa de ser testada, uma vez que poderia substituir o betume no desenvolvimento de estradas, tanto em zonas urbanas como rurais.

O fabrico e a utilização em grande escala desta pedra de pavimentação poderiam resolver o problema do ambiente nas cidades e aldeias da Costa do Marfim, invadidas e arruinadas pelos resíduos de plástico. A Costa do Marfim tem dificuldade em recolher os resíduos de plástico dos espaços públicos

---

[12] O professor Kimura Makoto (professor de geotecnia, geofísica e engenharia civil de túneis) da Universidade de Quioto apresentou este material aos presidentes de câmara da Costa do Marfim.
[13] Franck Zabgayou (2015), Développement local - La technique des sacs de sable pour des routes à moindre coût, in Fraternité Matin 21 de agosto de 2015.

urbanos e rurais. Com este escoamento, os resíduos de plástico tornar-se-iam uma importante fonte de emprego e de rendimento para todos os interessados.

Em conclusão, devemos salientar a importância e a necessidade do desenvolvimento da liderança na transformação mental, social, cultural, económica, tecnológica e ambiental das comunidades locais. Uma boa liderança permite mobilizar recursos humanos, financeiros e técnicos a nível local e comunitário, e conceber estratégias para conduzir as actividades de forma coerente e eficaz.

Capítulo 16: Promoção do desenvolvimento local sustentável

A Costa do Marfim procura políticas, programas, projectos e estratégias para assegurar a sustentabilidade da sua marcha para o progresso. Para atingir esta ambição, o país deve explorar todas as oportunidades existentes ou a criar para lançar as bases do desenvolvimento local e nacional. Este capítulo descreve as medidas específicas que devem ser tomadas para alcançar o desenvolvimento sustentável no país.

16.1 Iniciar o desenvolvimento local

Em nossa opinião, a procura de desenvolvimento local na Costa do Marfim estagnou ou mesmo estagnou. A situação é clara, com as insuficiências deploráveis na prestação de serviços e oportunidades essenciais à população, nomeadamente nos dezasseis (16) domínios de competências ou responsabilidades transferidas. O motor do desenvolvimento local da Costa do Marfim está em rutura. Não se trata de uma avaria pontual. É estrutural. Parece, pois, necessário reconstruir estruturalmente os cartões para revitalizar o processo.

A mentalidade da grande maioria dos costa-marfinenses é que todos querem uma fatia do bolo ou o reconhecimento da nação através de uma nomeação para um cargo público ou privado ou através de uma compensação financeira. É esta atitude generalizada que exacerba as lutas políticas ou as lutas pelo acesso ao poder do Estado.

A participação dos cidadãos no desenvolvimento local ou na procura do desenvolvimento local não deve estar sujeita apenas a questões como: "*O que é que eu ganho com isso?* Em vez disso, o foco deve estar em questões como: "*O que é que eu posso contribuir para a comunidade*? É ao contribuir, ao dar algo ou ao dar-se a si próprio à comunidade que se ganha. Mas a maioria das pessoas quer receber sem ter contribuído para a comunidade e atuar de forma a permitir que a comunidade local avance. Temos de mudar a nossa forma de pensar.

16.2. Perspectivas de desenvolvimento real

As perspectivas de desenvolvimento das colectividades locais na Costa do Marfim foram analisadas e debatidas no seminário de lançamento do processo de diagnóstico das capacidades das colectividades locais (197 comunas, 35 regiões, 2 distritos) organizado a 19 de outubro de 2017 pelo Secretariado Nacional para o Reforço das Capacidades. Nesta ocasião, os objectivos seguintes foram analisados pelos participantes:
- Fixar as populações, criando as condições para o seu desenvolvimento. Fixar a população não é uma palavra vazia. É, acima de tudo, um estado de espírito e uma atitude a adotar para permitir que as pessoas permaneçam na sua região e desenvolvam actividades que possam gerar rendimentos para melhorar o seu nível de vida e bem-estar;

- Transformar os resíduos urbanos para melhorar a higiene urbana, aumentar as receitas e criar emprego, nomeadamente na agricultura urbana e periurbana;
- Identificar, preparar, executar e gerir projectos de desenvolvimento com as comunidades locais. Nenhum projeto deve ser realizado sem a participação da população local. A sua contribuição é crucial para o êxito do projeto;
- Transformar as economias locais, tendo em conta que a transformação de uma economia local é um processo. Requer escolhas técnicas, tecnológicas e mesmo estratégicas;
- Desenvolver a capacidade das autoridades locais para procurar financiamento;
- Formação de jogadores locais ;
- Apoio técnico às autoridades locais;
- Reforçar a capacidade de informação das autoridades locais.

16.3. Justiça social

A justiça social é um dos objectivos da ação das autarquias locais. Estas devem criar as condições para a justiça social. A justiça social não é um conceito abstrato. Deve ser uma realidade concreta. Significa garantir o acesso equitativo da população da comunidade aos recursos e serviços sociais e económicos, sem qualquer forma de discriminação baseada na raça, etnia, religião, região, categoria social, sexo ou outros motivos. A justiça social é o oposto da desigualdade em todas as suas formas. Deve ser uma preocupação dos representantes eleitos das colectividades locais e dos seus parceiros.

16.4. Necessidade de alterar a rota

Verifica-se uma certa estagnação ou letargia no progresso das colectividades locais da Costa do Marfim. Ao optarem pela descentralização, os poderes públicos decidiram fazer depender o desenvolvimento da Costa do Marfim do bom funcionamento das colectividades locais que a compõem. No entanto, estas colectividades não estão a funcionar corretamente, de modo a criar as condições para o seu desenvolvimento. Não podem avançar enquanto não houver uma mudança de direção importante. É necessário revitalizá-las, sacudi-las um pouco.

As colectividades locais da Costa do Marfim carecem de recursos humanos e financeiros e de serviços essenciais como a água, a eletricidade, a saúde e a educação, tanto em termos de quantidade como de qualidade. Esta situação é geralmente justificada pela falta de dinheiro. Ao mesmo tempo, existe um número infinito de actividades económicas que podem ser realizadas utilizando estes serviços. A ausência ou insuficiência de serviços de base limita ou bloqueia mesmo a criatividade e a imaginação.

No contexto da procura do desenvolvimento local, é preciso mudar de rumo. Temos de aceitar que é necessário virar a página das opções que foram privilegiadas até agora e que não conseguiram criar as condições para um

progresso sustentável do país. Para uma verdadeira mudança de direção, é necessário :
- Acabar com as divisões territoriais arbitrárias e politicamente motivadas, incapazes de lançar as bases de um verdadeiro desenvolvimento local auto-sustentado;
- Alterar o estatuto dos conselheiros locais, transformando-os de empregados a tempo parcial em diretores de empresas "locais" a tempo inteiro, com salários relativamente competitivos, alguns com a possibilidade de um bónus anual em função do desempenho da sua equipa. Isto criará um certo grau de emulação entre os representantes eleitos;
- Introduzir a cláusula de residência como condição sine qua non para se candidatar a um cargo eletivo local;
- Acabar com a possibilidade de os eleitos exercerem mais do que um cargo público ou semi-público. O cargo de eleito local não pode ser acumulado com outro cargo público ou semi-público. Trata-se de uma função exigente. Deve, por conseguinte, ser exercido a tempo inteiro.

16.5. Obrigação de resultados dos Conselhos de Administração

Cada vez mais, os eleitos locais são chamados a gerir as colectividades locais como se fossem empresas industriais ou comerciais. Fala-se da governação das empresas e das colectividades locais. As grandes empresas públicas ou privadas têm conselhos de administração. As colectividades locais devem ter conselhos de administração. São os conselhos de administração que, através do acompanhamento das suas actividades, encorajarão as colectividades locais a criar as condições para cumprir a obrigação de resultados. A questão que se coloca, então, é a de saber quem deve fazer parte do Conselho de Administração. Este deve incluir representantes dos principais actores institucionais: o Ministério do Interior, o Ministério da Economia, o Ministério da Construção e do Urbanismo, o Ministério da Cidade, o sector privado local (formal e informal), representantes do ministério da tutela, um representante da sociedade civil, etc.

16.6. Obrigação de residência na comunidade

O absentismo crónico dos conselheiros locais na Costa do Marfim deve-se em grande parte ao facto de quase todos viverem fora da sua autarquia. Muitos deles vivem em Abidjan, a capital económica. A maior parte deles só se desloca ocasionalmente à sua coletividade local. Este absentismo coloca problemas para os próprios eleitos, para as colectividades locais e para a população local.

Ausentes das suas comunidades durante dias, semanas ou mesmo meses, os representantes eleitos não podem exercer eficazmente as suas funções. A ausência dos representantes eleitos impede-os de tratar dos problemas da coletividade. Com o passar do tempo, eles acabam por se desligar desses problemas. Do mesmo modo, na ausência de representantes eleitos, as autoridades locais da Costa do Marfim têm dificuldade em assinar e gerir acordos de cooperação com parceiros, tanto na Costa do Marfim como no estrangeiro. Cada vez mais se fala da governação das colectividades locais da mesma forma que das empresas. O absentismo compromete a substância desta governação. Transmite à opinião pública uma imagem de desinteresse dos eleitos pelas suas colectividades.

Além disso, a ausência prolongada de representantes eleitos nas suas comunidades é uma fonte de frustração e mesmo de descontentamento para a população local, tanto para os eleitores como para os não eleitores. As pessoas não vêem as pessoas que elegeram. No final, a maioria das pessoas lamenta a escolha que fez ao eleger alguém para dirigir a sua coletividade local.

Tendo em conta o grau de absentismo dos eleitos locais, parece necessário tornar obrigatória a residência na localidade de qualquer candidato a uma eleição local. A Costa do Marfim dispõe de gestores formados em vários domínios da atividade humana. É fácil encontrar pessoas locais dispostas e capazes de conduzir as colectividades locais ao progresso.

16.7. A necessidade de avaliar o desempenho das autarquias locais

A avaliação do desempenho das autarquias locais é uma necessidade. O seu objetivo é saber se os objectivos atribuídos aos representantes eleitos locais estão a ser alcançados. A avaliação do desempenho mostra em que medida um resultado foi alcançado. O desempenho de uma autarquia local pode ser medíocre, mau, médio, bom ou excelente. A ideia de avaliar o desempenho das autarquias locais é encorajá-las a melhorar continuamente o seu desempenho, caminhando para a excelência.

Num contexto de avaliação do desempenho das colectividades locais, cada equipa local dá o seu melhor nos diferentes serviços prestados à população. Os cidadãos apreciam a qualidade dos serviços que recebem.

O objetivo da avaliação do desempenho das autarquias locais é fazer com que os eleitos saibam que estão em concorrência. No final da avaliação, as colectividades locais com melhor desempenho ganham louros ou prémios. As que têm pior desempenho contentam-se com o incentivo dos poderes públicos para fazerem mais, para fazerem melhor.

Por último, os parceiros locais de desenvolvimento utilizam os resultados do desempenho das colectividades locais para melhor orientar os programas ou projectos de assistência técnica, a fim de elevar o nível do seu desenvolvimento.

16.8. Acesso inclusivo e equitativo dos jovens à terra

Os jovens, força de produção económica de uma comunidade, têm necessidades a satisfazer em termos de terra. Querem exercer actividades agrícolas e pastoris ou desenvolver espaços de lazer. Exigem a possibilidade de organizar actividades de transformação agrícola, através de pequenas unidades industriais no interior ou na periferia das cidades. Na procura de soluções para os seus problemas, os jovens deparam-se geralmente com a indiferença dos proprietários locais.

Em todos os casos, a questão do acesso dos jovens aos recursos fundiários nas comunidades locais deve ser examinada com muita atenção. Deve ser uma das prioridades das equipas locais.

16.9. Mobilidade nas autarquias locais

A mobilidade das pessoas no seio das comunidades locais ou entre elas é claramente vantajosa. É um fator de dinamismo social e económico. Em matéria de mobilidade, os eleitos locais devem empenhar-se em resolver os problemas seguintes:
- ➢ Organização inadequada do sistema de transporte de bens e pessoas ;
- ➢ Meios de transporte inadequados na cidade e no campo;
- ➢ Deterioração rápida, devido à falta de manutenção, das infra-estruturas rodoviárias no interior das comunidades ou entre elas;
- ➢ Ataques dos cidadãos às infra-estruturas rodoviárias, nomeadamente nas cidades, acelerando a sua degradação.

16.10. União dos quadros das autarquias locais

As comunidades locais são afectadas por uma falta de unidade e de solidariedade entre as populações. A pobreza e a insegurança são responsáveis por uma grande parte das dificuldades das colectividades locais. O combate pelo desenvolvimento de uma coletividade local é difícil. Por mais forte e capaz que seja um eleito ou um dirigente local, ele ou a sua equipa não podem conduzir a coletividade na via do progresso. A batalha contra o subdesenvolvimento do poder local na Costa do Marfim só pode ser ganha por homens e mulheres que trabalhem em conjunto. Isto é eminentemente importante.

Atualmente, porém, a unidade no seio da comunidade é um bem raro. A divisão entre os líderes políticos ou económicos da comunidade, por um lado, e os seus apoiantes, por outro, tornou-se profunda desde as últimas eleições. Devido a esta divisão, os esforços dos membros da comunidade para promover o desenvolvimento são dispersos e, por conseguinte, ineficazes. O líder ou o representante eleito da comunidade deve fazer da união ou da aproximação dos líderes e da população da comunidade uma das suas principais prioridades.

A realização da união tem lugar num contexto em que todos desconfiam dos outros, em que ninguém confia em ninguém. Além disso, há mais arrogância e orgulho do que humildade. As brigas internas, os conflitos interpessoais e os golpes baixos são aspectos preocupantes.

Por fim, neste contexto difícil, o papel do eleito ou do dirigente é sobretudo o de transmitir boas ideias, ideias que unem as pessoas, de geração em geração, para consolidar as conquistas da coletividade.

16.11. Mais arrojado, mais sustentável

A falta de audácia dos costa-marfinenses, sobretudo daqueles que dispõem de recursos financeiros para realizar projectos de grande envergadura ou ambiciosos, e que não o fazem. Transmitiram esta falta de audácia às gerações mais jovens, que também se contentam com pouco. A falta de audácia dos filhos e filhas da localidade impediu-a de avançar na via do progresso. É necessário inverter esta tendência para melhorar os resultados obtidos na gestão das colectividades locais.

Na mesma ordem de ideias, e em particular no que se refere às escolhas em matéria de consumo de bens e serviços, verifica-se uma procura frenética do luxo entre os líderes economicamente bem sucedidos: carros, casas, mobiliário, viagens, moda, etc. Não fazem investimentos produtivos suficientes que os levem a deixar para trás a sua situação social e financeira relativamente boa e a avançar para um nível de desempenho mais elevado e sustentável.

Hoje em dia, a observação objetiva dos resultados obtidos pela descentralização na Costa do Marfim não é de molde a encorajar a complacência. Efetivamente, o quadro que se apresenta resumidamente neste capítulo não é brilhante, tendo em conta o número de pontos fracos a melhorar no nosso sistema de descentralização na Costa do Marfim. Apesar de tudo, existe em nós um sentimento de otimismo de que podemos fazer melhor, de que podemos avançar se estivermos empenhados e dispostos a ultrapassar os obstáculos que surgiram e continuarão a surgir no caminho do progresso. Todos os progressos são possíveis se cada um de nós, no que nos diz respeito, for mais corajoso todos os dias na procura de resultados sustentáveis, tanto para a geração de hoje como para a de amanhã.

Conclusão

A Costa do Marfim adoptou uma abordagem centralizada da gestão do poder do Estado entre 1960 e 1980. O Estado e os seus órgãos constitutivos eram os únicos senhores do jogo. A partir dessa data, o país decidiu mudar de rumo, com a introdução da municipalização no sistema de gestão do poder, com a participação direta da população na implementação de programas, projectos ou acções de desenvolvimento. A decisão de desenvolver a nação numa base local gerou grandes esperanças a todos os níveis. Quarenta (40) anos mais tarde, as expectativas dos poderes públicos, dos eleitos locais, das populações locais e dos parceiros do desenvolvimento só foram parcialmente satisfeitas, ou mesmo nada, num grande número de colectividades locais. Os resultados são medianos, ou mesmo decepcionantes. Perante esta situação, a questão essencial é saber o que explica a falta de resultados do nosso desenvolvimento de proximidade.

O desespero das populações, o cinismo dos dirigentes centrais e locais, a falta de ambição de muitos cidadãos, a corrupção generalizada, a desinformação em todas as frentes, nomeadamente através das famosas redes sociais, e o fraco conhecimento das regiões por parte dos dirigentes locais, explicam em grande medida o atraso da Costa do Marfim. A isto junta-se a atitude dos dirigentes locais para com as populações, a quem prometem coisas que não cumprem. É absolutamente frustrante.

De forma mais objetiva, o insucesso da Costa do Marfim em matéria de descentralização pode ser atribuído a oito (8) factores: 1) a multiplicidade de competências transferidas para as colectividades locais da Costa do Marfim; 2) a insuficiência dos meios humanos e financeiros postos à disposição das colectividades locais; 3) a falta de abertura dos candidatos às eleições locais, que prometem maravilhas e riquezas ao povo, mas não cumprem as promessas depois de eleitos; 4) a ignorância do povo, que não sabe distinguir os bons e os maus programas propostos pelos candidatos; 5) a fraca participação popular; 6) o fraco conhecimento das realidades das colectividades locais por parte dos candidatos ou dos eleitos; 7) o fraco desempenho das colectividades locais no exercício do seu mandato devido à ausência de obrigação de resultados; e 8) o absentismo dos eleitos locais, quase todos residentes fora da sua coletividade local. Esta lista não é exaustiva.

A marcha de uma nação é como uma corrente. Para que esta se mova normalmente, rapidamente ou de forma óptima, os elos da corrente devem poder mover-se uns após os outros. A questão que se coloca hoje é a de saber o que se pode fazer para melhorar a governação geral das colectividades locais na Costa do Marfim. As autoridades públicas centrais, os eleitos locais, as populações locais e os parceiros do desenvolvimento local têm todos a sua opinião sobre o assunto. Não é fácil chegar a um consenso.

Entre todas as posições que podem ser defendidas pelos actores dos diferentes grupos, há a dos peritos costa-marfinenses em desenvolvimento local. A posição defendida neste livro é, de facto, a de um "especialista" da Costa do Marfim. É a posição de um cidadão que não esteve verdadeiramente no centro da gestão das colectividades locais. Isso é uma oportunidade ou uma desvantagem? Considero que é uma oportunidade, porque me sinto à vontade. Não tenho qualquer obrigação de defender a posição que me parece mais neutra. Recordo que esta posição pode, em muitos aspectos, ser contestada por outros actores, cidadãos ou eleitos locais. Ao contestarem esta posição, com argumentos de apoio, permitir-me-ão certamente alargar e aprofundar o meu campo de conhecimento.

<u>**Lista dos livros publicados por Editions Foghel YAO NGoran**</u>

DAGBO NAGNON, Georges (2013). *Bilan diagnostic de la région du Haut Sassandra, 2010-2011, Daloa,* Diretion régionale du Plan et du Développement, 2013, 116 p.

GARFIELD, Charles (1986). *Haute performance - La clef du succès en affaires,* Expansion /Hachette, 1986, 321 p.

JAGLIN, **Sylvy e DUBRESSON, Alain** (1993). *Pouvoirs et cités d'Afrique noire: décentralisation en question.* Edições Karthala, 1993, 308 páginas.

JOYAL, André (2002). *Le développement local-Comment stimuler l'économie des régions en difficultés.*
IQRC Studies, 2002, 156 páginas.

MOURAMANE, Fofana. *Rêver le progrès,* CEDA, 1997, 251 p.

PNDL(2011). Classificação das funções e responsabilidades dos actores da descentralização. Relatório final, Plano Nacional de Desenvolvimento Local, Senegal, 2011.

BNETD (1998). *Guia dos equipamentos comunitários.* Gabinete Nacional de Estudos Técnicos e de Desenvolvimento (BNETD), 1998, 376 p.

AMADOU, Diop (2008). *Développement local, gouvernance territoriale : enjeux et perspectives,* Editions Karthala, 2008, 230 páginas.

BELLINA, Séverine (2008). Governação democrática: um novo paradigma para o desenvolvimento? Paris, Karthala, 2008, 608 p.

BEVIR, Mark (1996), "*Local Governance*", Fórum das Nações Unidas realizado em Gotemburgo (Suécia) de 23 a 27 de setembro de 1996.

DECOSTER, Dominique Paule (2002). *Gouvernance locale, développement local et participation citoyenne,* Charleroi, novembro de 2002, 96 páginas.

DUBRESSON, Alain e FAURE, André Yves. *Descentralização e desenvolvimento local: um laço a repensar.* Revue Tiers-Monde 1, n.º 181, pp. 7-20, PUF.

JEROME, Marie e IDELMAN, Eric (2010). Descentralização na África Ocidental: uma revolução na governação local? EchoGéo, 13/2010 , julho-agosto de 2010.

ADAMOLEKU, Lapido (1989). *Políticas de descentralização na África Subsaariana: uma visão geral.* Folheto, 1989, Banco Mundial, 67 p.

ATTAHI, K e YAO, Bazin (1999). *Desenvolvimento urbano e boa governação. Etude du cas d'Abidjan.* Documento não publicado encomendado pelo Empirica Group (África do Sul), 1999;

BANCO MUNDIAL (1995). *Para melhores serviços urbanos - Encontrar os incentivos certos.* Banco Mundial, 1995, 96 p.

OIT (2001). *The impact of decentralisation and privatisation on municipal services (O impacto da descentralização e da privatização nos serviços municipais).* OIT, Genebra, 2001, 114 páginas.

BOUINOT, Jean (2002). La Ville Compétitive - Les clés de la nouvelle gestion urbaine, Paris, Economica, 2002.

DUBRESSON, Alain e FAURE, Yves André. Décentralisation et développement local : un lien à repenser. Revue Tiers-Monde 1, No. 11, pp. 7-20, PUF.

COMAQ (2000) Performance Indicators for Municipal Organizations in Quebec. Corporation des Officiers Municipaux Agréés du Québec *(COMAQ),* relatório de investigação sobre o desenvolvimento de indicadores, 2000, 86 p.

GREFFE, Xavier (2002). *Le développement local.* Paris, éditions de l'Aube, Datar, 2002, 200 p.

IRFED (1996). *Train les élus et responsables locaux au développement local dans le contexte des décentralisations africaines.* Manuel à l'usage des formateurs et des formateurs de formateurs, IRFED, Paris, 1996, 346 p.

YAO Bazin (2019), Débat sur le développement local, Editions du CERAP, Abidjan, 263 páginas.

YAO, Bazin (1998). Comercialização da cidade: a dimensão ignorada. Afriqurba. 1998, N° 004.

Dagobert Banzio (SG de Ardci) (2017), "L'Etat nous a transféré 16 compétences sans que les moyens ne suivent", in Fraternité Matin de 28 de fevereiro de 2017,

BOMBET, Emile Constant (1997). Apresentação introdutória do programa governamental de descentralização e de ordenamento do território, na Mesa Redonda dos Doadores sobre *"Descentralização e Ordenamento do Território",* realizada em Yamoussoukro de 12 a 14 de maio de 1997.

Julien Denormandie (2020), Ministro francês dos Assuntos Urbanos, na reunião de Abidjan de 27 a 28 de fevereiro, declaração publicada no diário Fraternité Matin de 28 de fevereiro de 2020, página 3.

Emeline Péhé Amangoua (2018), Le Sud-Comoé et l'agence Bloomfield signent une convention, in Fraternité Matin de 11 e 12 de agosto de 2018, página 9.

Anoh Kouao (2013), "Développement de proximité (2013) - Le projet e-commune a commencé", in Fraternité Matin de 26 de setembro de 2013.

I want morebooks!

Buy your books fast and straightforward online - at one of world's fastest growing online book stores! Environmentally sound due to Print-on-Demand technologies.

Buy your books online at
www.morebooks.shop

Compre os seus livros mais rápido e diretamente na internet, em uma das livrarias on-line com o maior crescimento no mundo! Produção que protege o meio ambiente através das tecnologias de impressão sob demanda.

Compre os seus livros on-line em
www.morebooks.shop

MIX
Papier aus verantwortungsvollen Quellen
Paper from responsible sources
FSC® C105338
FSC
www.fsc.org